自信
是所有问题的
答案

**Perfectly   How to Calibrate
Confident: Your Decisions Wisely**

【美】唐·摩尔（Don A. Moore）- 著

张岩 - 译

中信出版集团｜北京

图书在版编目（CIP）数据

自信是所有问题的答案 /（美）唐·摩尔著；张岩译. -- 北京：中信出版社，2021.9
书名原文：Perfectly Confident: How to Calibrate Your Decisions Wisely
ISBN 978-7-5217-3276-4

Ⅰ.①自… Ⅱ.①唐…②张… Ⅲ.①自信心－研究 Ⅳ.① B848.4

中国版本图书馆 CIP 数据核字（2021）第 127524 号

Copyright © 2020 by Don A. Moore
This translation of Perfectly Confident: How to Calibrate Your Decisions Wisely is published by CITIC Press Corporation
Simplified Chinese translation copyright 2021 by CITIC Press Corporation
ALL RIGHTS RESERVED
本书仅限中国大陆地区发行销售

自信是所有问题的答案
著者：　　[美]唐·摩尔
译者：　　张岩
出版发行：中信出版集团股份有限公司
（北京市朝阳区惠新东街甲 4 号富盛大厦 2 座　邮编　100029）
承印者：北京通州皇家印刷厂

开本：787mm×1092mm 1/32　印张：10.25　字数：193 千字
版次：2021 年 9 月第 1 版　印次：2021 年 9 月第 1 次印刷
京权图字：01-2020-4541　书号：ISBN 978-7-5217-3276-4
定价：59.00 元

版权所有·侵权必究
如有印刷、装订问题，本公司负责调换。
服务热线：400-600-8099
投稿邮箱：author@citicpub.com

献给

—

萨拉、乔希和安迪,
是他们让我的自信水平上下波动,
有时候我信心满满,
有时候则遭受暴击。

中文版序

我在埋头撰写本书的时候，无论如何也想不到后来这个世界会遭遇新冠肺炎这样的惊涛骇浪。肆虐全球的新冠疫情以触目惊心的方式证明了本书的观点和结论。

有些国家因为对疫情发展极端乐观而刻意弱化疫情的威胁，它们很快就发现，比起那些直面威胁并迅速采取行动的国家，自己的国家感染病例更多、患者死亡率更高，走出经济衰退花费的时间也将更长。因为一旦相信本国疫情完全可控，自然就会认为无须投入大量资金和精力进行病毒检测、流行病调查或者检疫隔离。反之，如果它们预见了疫情会迫使政府不得不关闭餐馆、剧院和各种零售商店，国民经济会因此受到重创，数以百万计的就业岗位也会因此减少，那么，投入大量资源来减缓病毒传播的速度就是明智的选择。

关于自信的挑战书

本书鼓励你努力保持适度自信——从实际出发,不多一分,也不少一分。同时,本书特别介绍了因为太自信或者不自信而惹上的麻烦。通过分析,本书提出了实现适度自信的正确道路——相信事实,让我们的信念与事实相符。而励志大师们应该会对这样的观点颇有微词。

从老子到积极思考理论的创始人诺曼·文森特·皮尔,古今中外都有许多人鼓励我们要培养乐观精神。积极心理学学者同样试图通过各种方式来证明,无论你的角色是父母、教师还是管理者,自信都对你的人生助益良多。他们指出,在生活的方方面面,自信都与成功如影随形。

这些鼓吹自信的积极作用的观点会使你认为越自信就越好,而这个观点其实根本就站不住脚。运动员会因为坚信自己会赢而懈怠,不愿好好训练,从而无法赢得比赛;学生会因为坚信自己是最优秀的而不再用功学习,无法考出最优异的成绩。对自己太自信会削弱你努力工作的动力,让你失去成功的机会,一事无成。从事高危职业的人应该保持高度警惕,提醒自己不要太自信。若因为太相信自己而自鸣得意，就有可能付出惨重的代价。

一个人平常的表现越好就越自信是完全合乎情理的。不过，想要找到证据证明越自信表现就越好则要复杂得多。本书对这个问题进行了详尽的分析。尽管有时自信能够发挥积极的作用，却未必总能如此。事实上，如果你因为太自信而没有能够好好筹划或者准备，就会被自信害得很惨。在新冠疫情的考验下，恰恰是那些盲目相信自己能够控制住疫情的国家因为疫情而死亡的人数最多。

想要适度自信，还要避免不自信对我们的影响。如果我们觉得自己正在完成的这个任务很困难，就会有不自信的倾向。我们会陷入自我否定，会认为自己不够优秀或者放大自己的缺陷。比如当我要求学生以百分比来评估自己的拉丁语水平在班级中处于什么位置时，他们都大大低估了自己的相对水平。大多数学生认为班上七八成的同学的拉丁语水平比自己高。

调整自信水平并不容易，这要求你对不确定的价值进行准确的估计。待评估的非确定性事件五花八门，从其他人的拉丁语水平到未卜的前程，不一而足。你的预测不会绝对准确，但你需要理性地认识到未来的不确定性，并在此基础上做出预期价值为正的选择，努力对冲风险并竭力避免被主观愿望左右。要做到这一点，你必须承认自己的无知并认真考虑自己判断错误的可能性。

一些好用的工具

本书中提供了许多帮助你调整自信水平的工具。在阅读过程中，请特别注意以下六点。

- 认真思考你为什么会判断错误。这是最有效的误差消除技巧。反省下列问题：你的判断为什么会错？发生了什么出乎你预料的事情？那些与你意见相左的人都知道些什么？认真研究他们所掌握的信息以透彻理解他们的立场。那些信息是否足以说服你改变主意呢？你该如何修正自己的观点呢？
- 遇到不同意见不妨打个赌。请你身边的人就他们所坚信的事情打个赌，这能够帮助他们调整自信水平。如果你的同事确信他们可以提前完成手头的项目，那么，他们愿意下多少钱的赌注来赌自己一定能够做到呢？

打赌还可以帮你调整自己的自信水平。扪心自问，你是否愿意为自己坚信不疑的事情下注呢？你到底有多笃定呢？

如果其他人对某件事的看法比你更乐观，就跟他们打个赌吧。这样做能够对冲掉一些风险。当同事们鼓励我说某件事一定能够做成时，我会邀请他们为自己的乐观下注。这场赌局能够降低我的风险，如果的确如同事们所说，我成功了，而他们赢得了赌局，我非常乐意支付赌金。如果我失败了，那至少我还能够因为赢得了赌局而得到一些精神上的安慰。

- 计算预期价值，对不确定的未来进行严谨的量化思考。未来的发展都不太容易被准确预测，这意味着认清某种结果发生的概率与根据结果来做出决策同样重要。本书提供了能够帮助你计算不确定性事件的预期价值的方法。
- 跟踪并记录——为了确保决策过程的严谨性，你必须在做出重要决定时记录你对未来的预期。请一定保留这些记录并时常回顾这些资料，以检验自己的预测的准确性。你的准确率如何？你能否从自己过去的错误中汲取经验教训，以优化未来的预测和决策呢？

- 避免主观愿望的干扰。不要让你的期待影响你对某个结果发生的概率的估算，渴望某事发生并不会自动提升其发生的概率。
- 相信自己，相信真相。在很多情况之下，只有克服了自己的恐惧，你才能够相信真相。失败虽然可怕，但发生的概率并不大。在成功的概率足够大、足够有吸引力的时候，适度自信能够帮助你克服恐惧。鼓起勇气去争取胜利吧！

上述只是这本书中提到的一部分有用的方法和结论。希望你可以通过这本书改变自己看待自信的方法。衷心希望这本书能够帮助你做出明智的选择，并让你和你身边的人都生活得更好。

唐·摩尔

于美国加利福尼亚州伯克利

2021 年 6 月 18 日

目录

前言 // IX

第一部分
太自信与不自信

第一章 什么是自信 // 003
第二章 我怎么可能错呢 // 035
第三章 可能发生什么 // 063
第四章 会糟糕到什么地步 // 091

第二部分
刚刚好

第五章 明确 // 123
第六章 预测 // 151

第七章　试着考虑其他人的观点　// 187

第八章　找到中间道路　// 219

致谢　// 251

注释　// 255

前　言

在指责别人太自信之前，我必须得先坦白自己在这方面走过的弯路。我小时候偶然间读了一些鼓吹积极思维的力量的书，它们为我开启了新世界，让我热血沸腾。说起励志类图书，我如数家珍，这些书光看书名就让人心荡神驰，比如《睡着也能赚钱》什么的。它们告诉你，你的人生蕴含无穷的机遇，你未来一定能够飞黄腾达，实现自我价值。我花了大把的钞票买了一大堆号称能够帮人增强自信的励志磁带，这些磁带听起来就像是海浪声，隆隆之下奔涌的是不容错认的肯定和赞扬。这些信息侵入我的潜意识，一再告诉我："我人缘很好，大家都喜欢我，我有很多朋友。"据说，潜意识中的自我认同可以规避意识对潜意识的审查，直接作用于最深层的自我感觉，改变自我认知。

在这些励志鸡汤的影响之下,我雄心勃勃地确定了我的目标——我要成为自己就读的美国爱达荷州波卡特洛市海兰德高中里最受欢迎的学生。

没有任何悬念,我没能实现自己的目标。让同学抄我的物理作业并不能为我赢得真正的朋友,加入辩论社也没有成为我通向辉煌的康庄大道。我在中学里成了被同学们孤立的边缘人物,甚至连亲妹妹都与我划清界限,因为她担心自己会被传染上我的书呆子气。说句公道话,我都不敢想象,没有那些潜意识的鼓励,我的高中生活会糟糕到什么地步。不过,我在海兰德高中的社交地位也的确是低得不能再低了。

低入尘埃的我在那一堆励志书的最底部发现了托尼·罗宾斯的学说。我深受鼓舞,他帮助我发现了最好的自己并树立最远大的理想。我如饥似渴地阅读他的作品,并努力把书中的教诲应用于实践。大学毕业之后,我选择在商界工作的部分原因是受到了罗宾斯的激励,还有一个原因则是我在大学三年级选修的经济学课程。事实证明,我把垫圈库存监控这项本职工作做得一塌糊涂,反倒是对组织决策的过程和方式很感兴趣。我本能地感觉到,在决策的过程中,太自信经常会妨碍人们做出正确的决策。比如说，管理者通常会凭借主观臆断来决定是否聘用一个人。他们对自己的判断力过于自信，经常会提拔那些与他们本人一样自信程度比实际能力高的人。于是，我回到商学院攻读研究生，致力于研究组织内部决策行为的运行机制。

几年后，我有机会与托尼·罗宾斯一起授课。当时，他主持了一门"铂金合伙人"专门课程，铂金合伙人就是指那些支付高额学费以换取特别活动和研讨会邀请的人。我承担的教学任务是传授自己在商务谈判和交易决策方面的心得。之后不久，我又参与了罗宾斯主办的另外一项活动——"突破你的潜能"。数万人在洛杉矶会展中心参与这项活动。我和我的妻子坐在前排贵宾区，紧挨着奥普拉·温弗瑞，她当时正在拍摄一部关于这个活动的纪录片。首日活动的高潮是一场惊心动魄的光脚走炭火的活动。

活动刚开始的时候，大家对于光脚走炭火都或多或少地抱有疑虑，有人忐忑不安，有人甚至感到极度恐惧。然而，罗宾斯只用了几个小时就成功激发了人们的热情，我们这些还没走炭火的人都变得情绪高昂、跃跃欲试，相信自己能够征服全世界。他说走过炭火就相当于走过我们在人生中遇到的各种困难，他鼓励我们直面恐惧，努力克服这些困难。当然，他也谈到了光脚走过燃烧的热炭时会遇到的实际危险，以及你需要怎样做才能安然无恙地完成这一壮举：要把裤腿卷起来防止布料着火，要迅速通过不要犹豫，最后要将双脚擦干净并用水冲淋。洛杉矶消防局的消防员们已经手持消防水龙头就位，随时准备帮助我们完成冲淋双脚的工作。

我们光脚走向遍布篝火的停车场，被罗宾斯在会展中心礼堂里鼓动起来的高昂热情还未消退。在夜色笼罩下，停车场上一堆堆熊熊燃烧的篝火让我们对自己将要做的事情有了非常直观的清醒认识。这些在篝火中得到充分燃烧的热炭被铺到几条步道上。在排队等待通行的时候，我们不断欢呼并高喊口号，竭力维持信心和热情。轮到我的时候，我一点儿也没有犹豫，疼痛几乎未能穿透我自信的铠甲。走过炭火之后，我为自己的勇敢沾沾自喜，在极度兴奋中，我完全忘记了应该把脚上余火未尽的炭灰擦干净。不知道为什么，操作指南中的这部分内容没有在我的头脑中留下任何印记，可燃烧的灰烬却牢牢地粘在我脚底柔嫩的皮肉上。

稍晚些时候，我感觉自己的脚底鼓起了水泡。在走回旅馆的路上，我意识到自己的脚被烫伤了。我因为太自信而忘乎所以，没有采取必要的安全措施，原本让我自豪的事情很快就成了耻辱，我清醒地意识到自己得意忘形了。

当我痛苦地跛行的时候，回想起自己光脚走炭火时满满的自信，我进一步认识到了自己的愚蠢。我真是个傻瓜！这样傻大胆到底是为了什么？为了给奥普拉留下深刻的印象吗？忙着走过炭火的她根本就不可能注意到我在干什么。是为了给其他参与者留下印象吗？我以后再也见不到那些人了。是想要感动自己吗？然而，因为克服令人恐惧的困难而产生的成就感，很快就被我光脚走过炭火并烫伤自己的事实给冲淡了。

我原本是个乐观主义者，如今却对自信的力量产生了怀疑，这次走炭火的经历算是原因之一，它使我认识到：人是很容易太自信的。这些经历促使我进行了一系列的研究，对错误的自信带来的风险、愚行和误判进行了忠实的记录。这些研究改变了我看待世界的方式，我希望能够与大家分享这些来之不易的领悟，这样你们就不必亲身承受由错误的身份而导致的各种痛苦的后果了。

自信的新定义

你对自信可能存在一定的误解。读过励志类图书的人常常会认为越自信越好，人们会这样想倒也情有可原。励志类图书常常被冠以这样的书名：《自信：如何突破自我信念的限制实现目标》，还有《你很强悍：不要再怀疑你有多伟大，开始一段了不起的人生吧》。这些书名让人产生越自信越好的错觉。这些书告诉你，你要不断增强自信。它们暗示你，人生中最大的挑战就是如何保持高涨的自信心，它可以保护你不受那些一心想要打败你、中伤你的人的伤害，让你不会因为不幸而怀疑自己。也许，通过自我肯定、积极主动的目光交流、强有力的握手或者自信的身体语言，你的信心就会不断增强。[1]

这些书鼓吹的一个核心观点就是，你应该努力增强自信。这让我想到一些危害性很大的毒鸡汤，比如"越瘦越好""越有钱越好"。[2]不需要亲身体验厌食症你就能够知道并不是越瘦越好。但太自信也不好吗？难道不应该相信上天总是会对你微笑，自己是命运的宠儿，不需要太过努力好事情也总是能接踵而至吗？难道不应该相信自己的生活一切都好，每个人都喜欢你，你不会犯错也不会受伤吗？相信自己是个万里挑一的幸运儿，会逢凶化吉，这种想法难道不对吗？相信自己可以在吃着东西、发着消息的同时，还能在拥堵的道路上把车开得飞快难道不应该吗？不用亲身体验这些想法带来的灾难性后果，你也知道这些其实都是错误的自信的表现。

如果你只是稍微高估了一点点自己的能力，这其实是有益的，我并不想为此指责你什么。很多培训师向大家鼓吹的观点正是如此。但在实践中，这种做法存在许多问题。首先，毋庸赘言，这其实就是自欺欺人。另外，你也很难弄清楚自欺到什么程度才合适，你有可能会自欺得太过了。显而易见，相信自己是个救世主会导致你做出一些很不正常的事。而相信自己比实际上略微高大一些、富裕一些、好看一些、品行更端正一些，这些看起来无关紧要的小虚荣最终导致的问题，其实跟上面提到的那些由痴心妄想所导致的问题在本质上是一样的，只不过程度略浅而已。在读这本书的过程中，你会读到请你更加谦虚谨慎的建议，你可能会对此不以为然。你会想到很多例子来证明，自信满满也许会帮助你成功。我非常理解你的这种想法。在这本书中，我们将会探讨你的这个想法在什么时候是正确的，自信在什么条件下能够发挥积极作用，以及对自信有准确的认识对你有什么好处。

另一方面，如果你曾经读过关于决策的书，也许你已经认识到了人们有多么容易犯太自信的错误。几十年来的各种研究表明，人们常常会高估自己的聪明才智。事实上，我们的判断很少像自己认为的那样准确。如果你担心自己太自信，可能也会担心过度依赖主观判断会让你犯错。你也许应该主动调低自信水平，减少由太自信造成的自我膨胀，努力保持谦虚谨慎。

但调低自信水平也不是解决问题的办法，不自信本身就是一种错误。低估自己的能力会阻碍你接受那些你原本有机会成功的挑战，会让你放弃接近那些原本可以相处得很好的朋友，还会导致你放弃许多颇有裨益的机遇。在后续的论述中，我们会分析不自信如何使你陷入无法完全发挥潜能的危险之中。太自信会让你行差踏错，做出一些让你追悔莫及的事；不自信则有可能让你碌碌无为，放弃一些本来很不错的机会。这两种做法都是错误的。

我强烈建议你依据事实而不是一厢情愿的想法来调节自信程度。要做到这一点，需要你在面对不确定的未来时认真思考怎样才算是认清真相。如何才能对那些尚未发生的事情做出准确的判断？面对难以量化的现实，应该以什么样的标准来评价你的诚实度、车技和职业发展潜力呢？本书将会给你答案。

本书提供了一个关于自信的全新视角，并致力于在太自信和不自信之间发现一条道路。在此过程中，我会批驳一些常见的关于自信及其作用的错误观念。自信既不是一种性格特征，也不是一种自我价值的衡量标准，它是一种综合考虑主观信念和客观现实的评估参数。自信的基础是你过去的表现和当前的能力，而这些也可以作为预测未来的基础，能够推测出未来你能够达成的成就。适度自信能够帮助你确定下注的金额，找到对冲下注风险的方法——无论你下注的对象是打扑克牌的手气、产品的预期销量还是股票的价格。

自信的表现

本书的宗旨就是寻求真相，尽力避免错觉和偏见带来的危险。我会敦促你抛弃那些关于自信的昏聩观点，鼓励你对自己做出明晰且具体的评价，我自己也会努力这样做。首先，为了明确概念，我要将衡量太自信或不自信的标准分为以下三种。

- 评估：对自己的优秀程度、成功的可能性、完成任务的速度等方面进行的量化评估。
- 定位：同他人比较之后给自己的定位。

- 确信度：对自己信念准确性的认定，也就是说，你有多么确定自己是对的。

你对自己完成任务的速度做出了过高的估计，从而决定去接受超出本人能力范围的任务，就是高估自己的一种表现，诱使你高估自己的因素之一就是单凭主观愿望做判断。与高估相对应的是低估，当你很焦虑或者顾虑太多时，就会放大风险，还容易看不到自己的优点、强项和能力，从而倾向于低估自己。

当你夸大了自己比别人优秀的程度时，就是对自己的定位过高了。我们都会对自己完成简单任务的能力，或者在寻常事务中的表现定位过高，大部分人认为自己的车技比一般人高。如果你是个正常的普通人，你很容易认为自己比别人更善良。如果你通常恪守道德规范，你很可能会认为自己比别人的德行更高尚，你会有一种道德上的优越感。反之，对于困难的任务和不常做的事，你会很容易认为自己不如别人。在完成那些每个人做起来都很困难的任务时，许多人都会表现出冒充者综合征。因为不了解其他人在做这件事时有多么吃力，即使是完全可以胜任的人，也可能会担心自己做得不如其他人好。

当你过于确信自己掌握了真相时，你就会过于相信自己的判断，认为自己对事实的解读就是真相。投资者会因此而确信某个项目值得投资。人们还会因此而贬低那些与自己意见相左的人，认为他们不是蠢就是坏。与评估和定位不同，对自己的选择确信度过低的情况很少发生。研究人员没有找到证据表明人们会出现不相信自己的判断的情况，也就是说，人们很少会认为自己做出的判断是错的。

在后续的章节中，我会更具体地区分自信的这三个衡量维度，以帮助你找出有可能会导致判断失误的关键因素。以错误的方式来看待自信，轻则令你看不清真相，重则使你产生错觉。错觉可能会让你被巧舌如簧的销售人员欺骗，被擅长蛊惑人心的候选人愚弄，还有可能令你产生自我认知偏差，比如相信自己在走过炭火时不需要防护。你还可能会欺骗自己，认为只要心足够诚，好事就一定会发生。读完这本书，你就会明白，为什么聪明人有时也会犯这类错误。

自信程度的调节

你可以选择自己的自信程度。过去的表现和当前的能力会影响你对自己未来潜力的判断。太自信并不符合你自身的利益，太自信意味着你得欺骗自己，还会因此犯下各种愚蠢的错误。但不自信会导致另外的问题，其中包括错过机遇和无法认识到自己的优点。太自信与不自信之间的道路很狭窄，并不是那么容易找到。对于不确定的未来，你究竟应该有多乐观呢？本书对这些问题也进行了分析和解答。

对这些问题的分析和解答基于我过去数十年的研究工作，我秉承准确性的原则对太自信和不自信进行了定性和定量分析。通过人们的自信程度和他们的实际表现的对比，我们可以发现哪些人的判断是准确的，也找出了那些太自信和不自信的人。我不仅仅衡量人们的自信程度或能力，而且坚持将两者相互对照。

如果我8岁的儿子说只要他尽力尝试就能够完成大灌篮的动作，那他就太自信了。自负与自信是两种不同的东西。如果是篮球明星"大鲨鱼"沙奎尔·奥尼尔，则无论他对灌篮多么有信心都不过分。我们也可能在不自信的同时太自信，比如在我看到美国总统初选候选人并暗自想"说不定我也能行"的时候。自信是对一个人的潜力、能力的评估，也是对一个人的判断是否正确的评估。将评估结果与这个人的实际表现进行比对，就可以判断出他到底是太自信、适度自信还是不自信。

自信是内在的信念，不是外在的表现。我不会就握手方式、身体姿态，或者眼神交流的技巧提出任何建议。我也不会教你如何迷惑投资者，如何哄骗民众，或者如何用眼神吓退狮子。这些是其他书选择讨论的话题。在本书中，我要向你介绍一些工具，帮助你调节自信的程度。这些工具能够帮助你做出更加明智的决策，帮你衡量到底要选择哪条道路、冒哪些风险。它们会帮助你决定如何分配你的时间、金钱和情感。它们还能帮助你在行使投票权和雇用新员工时做出更明智的选择。

请保持适度自信。你并不总是能够百分之百正确，尽可能地保持适度自信是值得的。古希腊哲学家亚里士多德曾夸赞那些"既不鲁莽也不胆怯，而是拥有适度的勇气与审慎的人"。[3] 借用美国前总统西奥多·罗斯福的话："正如我不会轻易向过度悲观的情绪让步一样，我也不会轻易让无根据的、自负的过度乐观得逞。我们既要看到自己的优点，也要看到自己的缺点。"[4] 我的愿望是让每个读过本书的人都有所进步，从本书阐述的见解中获益——理解自信，并在此基础上更新自我认知，从而获得成功和幸福。

第一部分

太自信与不自信

第一部分共 4 章。第一章将会带你以一种全新的角度看自信——我们探讨的不是自信在大众想象中的样子，而是自信在现实生活中的表现。第二章将会与你一同认真思考固有的认知，并领略这些固有的认知中层出不穷的谬误。第三章会专注于列举你可能会犯错的原因，并将它们分门别类，帮你分析这些错误可能会导致哪些后果，以及每种情况出现的概率。第四章则重点教你如何避免主观臆断，帮助你了解认知偏差是如何影响你的自信程度和你对未来的预测的。这四章共同组成本书的第一部分，它将帮助你认清由适度自信变得太自信或者不自信是多么容易。这四章中的内容对妨碍你找到真相的各种关于自信的不良假设进行了梳理和总结。

第二部分则致力于帮助你找到重返适度自信的道路。第五、六、七章分析和整理了帮助你获得适度自信的可靠路标，特别提供了一些行之有效的方法和策略。这两部分的内容共同阐明了如何管理和维持精准的自信程度。第八章是总结，阐述了依靠精准明智的判断而选定的中间道路都有哪些好处。中间道路能够帮助你看到真相，了解自身能力所能触及的范围，并确定实现目标的途径。适度自信帮助你避开谬误，抓住机遇，免受痛苦的折磨。

第一章

什么是自信

自信的人能够改变世界。从南非移民到美国的埃隆·马斯克就是个很好的例子，他年纪轻轻就参与了在线支付服务平台贝宝的创立，贝宝改变了人们的支付方式。2002年，贝宝被易贝收购，马斯克用卖贝宝的钱投资了特斯拉，这家电动汽车公司颠覆了整个汽车行业。从市值角度来看，特斯拉的市值已经接近通用汽车公司了。与此同时，马斯克还创办了SpaceX（美国太空探索技术公司），开创性地改变了火箭发射的商业模式。他宣布，SpaceX计划于2024年开展将人类送往火星的业务，进而实现向其他行星移民的壮举。马斯克从来都不缺乏雄心壮志。

马斯克对太空探索的痴迷可以追溯到他童年时代对科幻小说的热爱。他的弟弟金巴尔回忆说，童年时代的马斯克一天要读 10 个小时的书。在把学校图书馆里的书都读完之后，他开始读《大百科全书》。马斯克专注力极佳，且极其刻苦。多年之后，这些特质在他和金巴尔共同创办网站 Zip2 时更是体现得淋漓尽致。他常常会在办公桌旁的懒人沙发上将就一宿。"几乎每天早上 7 点半或者 8 点我到公司的时候，他就睡在懒人沙发里。"Zip2 早期员工杰夫·海尔曼回忆说。然后，马斯克会醒来，马上投入工作。"也许他只有周末才洗澡。"海尔曼猜测道。

童年时代，马斯克的书呆子气让他不受其他孩子的欢迎，当母亲要求他的兄弟姐妹们带他一起玩时，孩子们抗议道："但是，妈妈，他太没劲啦！"长大成人之后，马斯克仍然不擅长交际。他 Zip2 时期的同事多里丝·唐斯回忆说："有个人抱怨，我们正在尝试进行的一项技术性变革是不可能实现的。马斯克转向他，说道，'我根本就不在乎你怎么想'，然后就起身离开了会议室。对马斯克而言，'不可能'这个词根本就不存在，他也希望身边的人都抱有这种态度。"

SpaceX发射火箭的价格相当于之前行价的零头,这彻底改变了商业航天领域的商业模式。马斯克之所以能够做到这一点,在一定程度上是因为他不遗余力地进行创新。他发现,美国政府和为其制造了几十年火箭的承包商签署的协议中存在诸多浪费。在生产进度和成本控制方面,他驱使公司和员工勇于追求远大的目标,所以他更好地掌控了工期和成本。他努力工作以实现这些目标,并对那些为他工作的人寄予厚望。SpaceX的第23号员工凯文·布罗根回忆道:"他从来都不会说'你必须这么做',而是会说:'我希望在周五下午两点之前,这项看似不可能的任务能够完成。你能做到吗?'"而马斯克的员工通常都能够做到。[1]

马斯克的故事表明,自信与成功之间存在着紧密的联系,而这只是众多例子中的一个而已。自信的创业者往往会更成功,比如马斯克;[2]自信的求职者更有可能被雇用;[3]自信的政界候选人更有可能当选。[4]我们身边自信与成功形影相随的例子随处可见,这让我们不禁认为增强自信就能够提高成功的概率。然而,仅仅关注最终获得成功的人的做法本身就是有问题的,因为这种做法忽视了两个问题。

第一个问题,这样做会混淆因果关系。自信真的是成功的原因吗？它有没有可能是结果呢？是否存在什么更深层次的东西——真才实学、资金优势，或是战略站位等。比如具备亮眼的履历和傲人业绩的实力强劲的候选人本就有理由自信。马斯克本人智力超群、能力卓越，还曾经取得各种傲人的成就，他有充分的理由相信自己会成功。在很多情况下，自信和成功的内在原因可能是一样的。[5]

在体育运动领域，自信与成功的关系也非常紧密。我们很容易就能想到许多自信又成功的运动员，比如天才选手勒布朗·詹姆斯。16岁的他就敢把"CHOSEN·1"（天选之子）一排大字文在自己的后背上。[6]这么年轻就做出这么大胆的宣言，确实够自信。然而，真是这份自信造就了他吗？要回答这个问题，我们需要参考同样自命不凡的16岁少年的情况。在篮球运动领域，自吹自擂之风盛行，但很多夸夸其谈的人并没有能够在NBA（美国职业篮球联赛）中取得成功。

仅关注自信的成功人士的另外一个问题就是忽视了那些因为盲目自信而失败的例子。很多自信的人惨遭滑铁卢，同样自信的马斯克也不是总能成功，他也曾经历惨败。1996年，他被从Zip2首席执行官的位置上赶下来。4年之后，他又被贝宝免职。SpaceX的第一次火箭发射也以惨败收场。

第一枚"猎鹰1号"运载火箭在升空25秒之后就坠毁了。一年之后的第二次发射，火箭在飞行4分钟后解体。特斯拉同样命运多舛。2016年5月，马斯克宣布了在2017年底前生产20万辆Model 3轿车的计划。事实上，公司当时的产能只是这个数字的1/10。特斯拉的员工们为提高产量加班加点，但还是不够快。2018年4月，马斯克在自己的推特上写道："我又开始睡在工厂了，汽车行业就是地狱。"[7]

置信区间

为了帮助你获得适度的自信，我要邀请你跟我一起做个小游戏。下页表列出了10个你不确定的数量问题。请你回答这些问题，并将答案的置信区间设置为90%。置信区间由两个数字构成，一个低于你的答案是下限，一个高于你的答案是上限。这个区间要足够大，确保正确答案在这个区间内的概率高于90%。显然，你对答案越有把握，你所给出的置信区间就会越小。如果问题是关于你自己的出生日期的，你其实可以把这个置信区间设置得非常小。你的把握越小，你所设置的置信区间就会越大。你所面临的挑战就是要调节你所设置的区间，保证正确答案在你所设置的区间内的概率大于等于90%。

我们换一个角度来解释这个要求,即把下限设置得足够低,使得正确答案低于它的概率只有5%(正确答案高于它的概率达到95%);把上限设置得足够高,使得正确答案高于它的概率只有5%(正确答案低于它的概率达到95%)。二者叠加,正确答案落在区间外的概率只有10%,你的答案将满足置信区间为90%的要求。

请不要查阅任何参考资料,也不要咨询他人,为下表中的10个数字分别设置90%的置信区间。

	下限	上限
全球人口总数(美国人口普查局2019年7月17日数据)		
奥维尔·莱特进行全球首次依靠自身动力、机身比空气重的机器飞行的年份		
乔布斯为发明了苹果鼠标的设计师迪恩·哈维支付的时薪(美元)		
太平洋马里亚纳海沟的最深深度(千米)		
2018年特斯拉的总收入(美元)		
丹尼尔·卡尼曼获得诺贝尔经济学奖的年份		
2007年谷歌收购视频网站优兔的价格(美元)		
截至2019年7月,勒布朗·詹姆斯NBA生涯中的场均得分		
威廉·詹姆斯首次在哈佛大学教授心理学课程的年份		
作家玛雅·安吉罗获得总统自由勋章的年份		

你确实花时间来回答这些问题了吗？请你一定要回答。通过这个练习，你可以对接下来的内容有一点概念。这个练习可以提高你运用本书的观点和方法来评估自身和做决策的能力。

你所设置的上限和下限之间包含了正确答案的有几个？如果你的自信水平适度，那么你的正确率应该有90%。也就是说，在这10个问题中，应该有9个问题的答案落在置信区间内。

如果你跟大多数人一样，那你的正确率会远低于90%。事实上，每个答案落在90%置信区间的比例在50%左右。置信区间设置得过小，说明你对答案正确性的信心超出了你的实际水平：你对自己太自信了。在人们以其他方式具体化自己的自信水平时，这种情况也会出现。人们不仅在思考不起眼的小问题和参与90%置信区间测试时表现得太自信。事实上，心理学家在自己设置的很多测试中，均发现人们对判断的准确性过于自信。[8] 人们通常表现得很自信，实际上他们的判断根本不准确。

关于"闪光灯记忆"的研究印证了认知错觉的存在。[9] 有些记忆感觉上就像照片一样准确和真实。比如很多人都能对自己得知2001年9月11日那场恐怖袭击的那一刻进行生动而清晰的描述。如果每个人的闪光灯记忆真的如自己所认为的那样准确,那所有人对同一事件的记忆应该是一样的才对。但每个人的记忆都是不一样的,研究人员对大家的回忆进行交叉比对时发现,出现在彼此的闪光灯记忆中的人对于当天究竟发生了什么的回忆是不一致的,但每个人都非常确信自己的记忆是准确的。[10] 下面让我来为你揭晓正确答案。你答对了几个?

	正确答案
全球人口总数(美国人口普查局2019年7月17日数据)	75.98亿[11]
奥维尔·莱特进行全球首次依靠自身动力、机身比空气重的机器飞行的年份	1903年[12]
乔布斯为发明了苹果鼠标的设计师迪恩·哈维支付的时薪(美元)	35[13]
太平洋马里亚纳海沟的最深深度(千米)	11[14]
2018年特斯拉的总收入(美元)	214.6亿[15]
丹尼尔·卡尼曼获得诺贝尔经济学奖的年份	2002年[16]
2007年谷歌收购视频网络优兔的价格(美元)	16.5亿[17]
截至2019年7月,勒布朗·詹姆斯NBA生涯中的场均得分	27.2分[18]
威廉·詹姆斯首次在哈佛大学教授心理学课程的年份	1873年[19]
作家玛雅·安吉罗获得总统自由勋章的年份	2010年[20]

如果问题由"全球人口总数是多少"变成了"要防止我设计的桥梁坍塌，需要使用多少钢筋加固"，判断的准确性就攸关生死了。对桥梁的设计方案太自信的建筑师可能会减少结构性支撑材料的使用。你也不想聘请一个不自信的建筑师，因为他可能会在从来都没有发生过地震的美国明尼阿波利斯市为你的办公大楼做昂贵的避震加固，令建筑成本翻番。你希望你所聘请的建筑师、你的员工、你的人生伴侣和你自己都能判断准确：有发现真相的智慧，并且有足够的证据来证明自己的判断是正确的。

太自信

太自信是人们做出诸多不合理决策的原因中最核心的一个。心理学教授斯科特·普劳斯曾写道："在判断和决策的过程中，没有哪个问题比太自信更常见、更有可能引起灾难性的后果了。"[21] 2002 年度诺贝尔经济学奖得主丹尼尔·卡尼曼的主要研究方向就是认知偏差，他曾在作品中说，太自信是"所有认知偏差当中最严重的一种"。[22] 相关问题的研究者已经就上述观点达成共识，这也说明了太自信这个问题在人类判断这个领域的重要性和普遍性。可以毫不夸张地说，太自信是所有心理偏差之母。[23]这句话可以从两个方面来解读。

首先，太自信是对人类判断影响最大且最常见的一种因素。行为金融学家沃纳·德邦特和理查德·塞勒写道："也许，在关于判断的心理学研究领域，最了不起的发现就是人们常常太自信。"[24]太自信被认为是"泰坦尼克号"沉没、切尔诺贝利事故、"挑战者号"和"哥伦比亚号"航天飞机失事、2008年金融危机和随之而来的大衰退、墨西哥湾深水地平线钻井平台石油泄漏事故等灾难的罪魁祸首。太自信可能会导致股票市场的高杠杆交易、高创业失败率、法律纠纷、政治派系斗争，甚至战争。[25]

太自信之所以赢得"所有心理偏差之母"的称号，还因为它会强化其他决策偏差的影响力。也可以说它是一种基础偏差。其他决策偏差之所以会出现，是因为在理解和应对复杂的物质、学术、社交和信息世界的时候，我们会采取许多简单化的启发式决策手段。许多探讨决策问题的心理学书籍对这些偏差进行了详细的阐释，其中包括丹尼尔·卡尼曼的《思考，快与慢》、丹·艾瑞里的《怪诞行为学》，以及我和马克斯·巴泽曼合著的《哈佛商学院判断与决策心理学课》。

如果你对自己的判断足够谦逊,就更有可能避开那些其他人容易犯的错误。凭借直觉进行判断很容易形成偏见和谬误。直觉的问题在于它是无意识加工的过程,你没有办法对它进行监控。它进入意识的时候就已经完全成型了,而且它"自我感觉良好"。有些凭借直觉进行的判断感觉还挺像回事,会显得更有吸引力,而理性看待风险只会让你感觉不妙。对直觉有信心意味着你会频繁借助直觉进行判断,而忘了依靠直觉进行判断是不完美的。

我请我的学生用百分制来给自己和班上的同学打分。全班最差的学生应该得到 0 分;全班最好的学生应该得到 100 分;而排在正中间的学生应该得到 50 分,也就是说班上的同学有一半比他强,另外一半则不如他。如果所有的学生都清楚自己所在的位置,并根据同样的衡量标准打分,则全班同学的平均得分一定是 50 分。明明不比别人强却给自己打了高分,这就是对自己定位过高的表现,是相信自己比其他人更好的浮夸信念。当我要求学生们就自己的诚实度打分的时候,最后得到的平均分是 75 分左右。

我不会因为学生们给自己的诚实度打出了这样虚高的分数而指责他们不诚实,但我会说他们很容易出现判断偏差。为了了解他们在这个问题上的各种看法,我还在问卷中写下这段话。

> 心理学家研究发现,针对那些得到社会认可的特征和表现进行自我评价的时候,人们常常会在自己其实低于平均水平的时候认为自己高于平均水平。这个倾向常常被称为判断中的"自利归因偏差"。你觉得相对于班上的同学而言,你避免这种偏差的能力如何?给自己的客观性打个分,衡量的标准还是你相对于同学们而言的表现。100分说明你比同学们都更不容易产生自利归因偏差,0分说明你比同学们都更容易产生自利归因偏差。

同学们对这一点进行自我评分,平均分通常也会超过50分。

作为个体,当决策因偏见而出现偏差,你可能会为这个决策付出很大的代价。当我们集体出现判断偏差的时候,后果可能非常严重。很多人注意到,在2008年金融危机的过程中,群体性自信难辞其咎。[26] 2008年的金融危机和随之而来的大衰退是由一系列极其独特的情况造成的,其中许多都与太自信密不可分。首先是那些大量买入抵押支持债券的投资人、银行和主权财富基金。之所以愿意购买这类债券是因为他们相信自己了解这些债券的价值。回过头来看，他们确实自信过头了。要不是对自己判断的准确性太自信，这些投资人就不会对购买次贷产品那么感兴趣了。

当时的情况是，投资市场对抵押支持债券的需求非常旺盛，有偿付能力的贷款人签署的正常按揭产品根本就不够卖。热情的掮客们下决心要给投资者提供他们想要的，被隐晦地称为抵押贷款市场"创新"产品的业务应运而生——"无收入、无资产贷款"，专为那些没有收入、没有工作也没有资产的人准备。紧接着就出现了"谎言贷款"，掮客们建议借贷者谎称自己有工作、有收入，或者有资产、具备偿还能力以骗取贷款。[27]抵押贷款中介在广告中称他们的贷款审批流程非常简便，免去了烦琐的贷款人收入核实的过程。你是个工作不稳定、年收入不稳定的小演员吗？没问题，我们有为你量身定制的抵押贷款产品。

试问一个经常接不到活的演员该如何偿付100万美元的抵押贷款呢？许多这样的贷款是以期末整付的形式偿付的：还款金额一开始很低，但是随着时间的推移会大幅增加。如果同时满足下列条件，偿付贷款并不是问题：（1）你的收入将来会有显著的增长；（2）房价持续增长，你可以在一年或两年之后申请另外一份"谎言贷款"来偿付这次的贷款。但到了2007年，我们发现，贷款人至少错估了其中一个条件。这一年，连新申请成功的抵押贷款的第一笔还款都付不起的贷款者数量持续增加。这时投资者才开始怀疑，在存在大量"无收入、无资产贷款"的情况下，他们用来估计违约率的风险评估模型也许并不能准确地预测出违约风险。

全世界的投资人在购买抵押支持债券时都以为自己了解贷款人违约的风险。违约是任何贷款或债券业务最大的风险。因此，发放给信用有问题的人的信用卡利息要比美国国债的利息高得多。要想让信用卡业务赚钱，银行就必须向那些能还款且能付得起利息的人收取足够的利息，以填补违约者造成的亏空。

如果不是因为有太自信的抵押支持债券投资人的存在，也许就不会有"无收入、无资产贷款"、"无收入、无工作、无资产贷款"，以及"谎言贷款"的出现，就不会出现期末整付还款计划。也不会有那么多人放弃酒吧服务员、建筑工人、舞蹈演员的工作而投身抵押贷款中介行业。持续高涨的房价把一些本来很理性的人吸引到了炒房大军当中。所谓炒房，就是买下一所房子，给它漆上一层油漆、铺上一层草皮，托管期限结束后，就很快转手卖掉它。传单发放者、电视节目和其他那些希望靠出售房产、炒房或者发起抵押贷款的方式赚快钱的人也找不到宣传和提供服务的机会。要不是存在这样一个全球性的抵押支持债券市场，就可能不会出现全球房地产泡沫。

到底是什么催生了抵押支持债券的需求呢？归根结底是过于相信不准确的风险评估模型。从银行的表现来看，它们似乎相信自己的业务体系中有违约风险的抵押贷款比例不超过5%。这个比例与根据过去几十年来的抵押贷款和借贷者违约情况而勾勒出来的情况基本一致。说句公道话，我认为根据可靠的数据做出此类预测是极其重要的。投资者将高额的赌注（合计数万亿美元）投给银行，就是在赌银行的风险评估模型是准确的。但银行高估了这些风险评估模型的准确性，因为它们忽略了一个重要的事实：它们如此依赖的历史数据中并没有包含"无收入、无工作、无资产贷款"和与其类似的次级抵押贷款业务。那些所谓的低风险抵押组合贷款产品的违约率超过了50%，这就不难理解为什么这些债券的投资回报远低于预期了。

贷款的性质发生了改变，但直到局面无法挽回也没有人更新相应的风险评估模型。为什么不能早些敲响警钟呢？肯定有一线工作人员知道自己销售出去的"谎言贷款"有许多人是无力偿还的。但只要投资机构还在购买抵押支持债券，中介就有佣金可以拿。大部分中介人员心里很清楚"音乐迟早要停下来"，也知道不是所有人都能抢到椅子，抢不到椅子的人必将坠入旋涡。"但只要音乐还在演奏，你只能站起来继续跳舞。"[28]花旗集团首席执行官查克·普林斯在2007年7月如是说。很多人之所以继续投资是因为他们相信自己比那个最终当"接盘侠"的笨蛋要聪明。"我会及时离场，你也会及时离场的。"[29]他们总是这样对彼此说。也许真的有人及时离场了，但对于剩下的人而言，太自信使他们高估了自己在人群中的位置：他们以为自己比别人聪明，但事实并非如此。

不自信

考虑到太自信所带来的风险，你也许会认为调低自信水平会是明智的做法。然而，调低多少才合适呢？不自信会导致你陷入自我怀疑、不作为，会让你错过非凡的人生（励志书会这样告诉你）。你拒绝主动与人搭讪，不敢去攀岩，或者放弃创业。很多时候你因为不自信而裹足不前，特别是在冒一些风险就能够获得丰厚回报的时候未能采取行动。不作为其实就相当于犯错。

不自信的情况也很普遍，很多时候，它就是太自信的镜像反射。在我的学生中，宣称自己比同学诚实、不容易出现自利归因偏差的学生在一些问题上通常会给自己打一个低于平均水平的分数。总的来说，学生们一般认为自己玩高空抛接杂技的能力低于其他同学。在评价自己的拉丁语水平、骑独轮车的能力、未来创办公司的数量，以及自己未来能够挽救的生命的数量时，他们对自己的定位都过低了。

心理学家贾斯廷·克鲁格研究发现，面对很少有人能够成功完成的困难任务，在衡量自己的表现时，人们通常会觉得自己不如别人。他在康奈尔大学期间的论文描述了人们多么容易低估自己。[30] 只要给出一个困难的任务，一个大多数人都完成不好，或者很难达标的任务，人们便会告诉你，自己完成这项任务的质量会低于一般水平。我的大部分学生都无法很好地完成高空抛接杂技。他们会认为，"我知道自己做不好高空抛接，不过也许这里的其他人能做好呢。这样的话，我肯定不如他们。"

在人们最容易低估自己的情况下，这种推理方式经常出现：人们知道自己不行，但并不清楚其他人的能力如何。克鲁格和他的同事肯·萨维茨基注意到，人们不光是在评估自己完成困难任务的表现时会表现出这种不自信，在衡量自己不常做的事时也是如此。人们会认为自己使用鞋拔子和华夫饼模具的次数比别人少。[31]如果一个人很少使用鞋拔子，那他就会这样推理：我很可能比一般人用得少。其实谁也不会常用鞋拔子，但人们会错误地得出自己用鞋拔子的次数比别人少的结论。

能力足够的人会因为自我能力否定倾向担心自己不够优秀，担心自己名不副实。托马斯·杰斐逊是美国建国元老之一、美国宪法的起草者、美国历史上第一位国务卿、美国驻法国大使、第三任美国总统，他通晓多国语言、博学多才，但他坚持说："人们对我的信任完全超出了我的能力。"[32]约翰·斯坦贝克是获得了诺贝尔奖和普利策奖的双料作家，他却坚持说："我算不上是个作家。我只不过是在欺骗自己和大家而已。"[33]玛雅·安吉罗获得过美国国家荣誉艺术奖章、总统自由勋章、格莱美奖和托尼奖，还获得了22所知名高校的荣誉学位，她却坦言："我写过11本书，但是每次我都会想，'噢，这回他们会发现了，我不过是在糊弄大家，这回他们要揭穿我的把戏了。'"[34]女演员朱迪·福斯特对自己获得奥斯卡奖和自己能被大学录取都深感不安："我觉得这一定是个大乌龙，跟我走在耶鲁大学校园里的感觉一样。我觉得大家很快就会发现搞错了，然后把奥斯卡给收回去。"[35]

自我能力否定倾向这个说法最早出现于1978年的一篇论文当中，该论文研究了自我能力否定倾向对高成就女性的影响。[36]凯蒂·肯和克莱尔·施普曼在她们合著的《信心密码》一书中重提这个话题，哀叹女性不自信的情况，鼓励女性要更加自信。这本书中包含了对许多杰出女性的专访，其中包括国际货币基金组织前主席克里斯蒂娜·拉加德、美国参议员柯尔丝滕·吉利布兰德和美国篮球明星莫妮克·柯里。当被问及是否经历过自我怀疑的时候，这些能力超强的成功女性都坦承自己曾经有过这样的经历。那么，作为她们的竞争对手的男性是否也曾经历过自我怀疑呢？"至于说男性，"柯里答道，"我感觉，即使他一直坐在冷板凳上没有上过场，他也跟队里的超级巨星一样自信。"[37]

我们看不到其他人内心的自我怀疑，所以我们很容易想当然地认为其他人不会受到自我怀疑的困扰。在肯和施普曼的作品中，并未就是否怀疑过自己这个问题采访过男性，那个最差劲的板凳球员也许只是装出一副自信的样子，以借此掩饰他对自己的怀疑。根据我多年的研究经验，在自信、非言语自信的表达和他人信心解读这些方面，尚未发现存在明显的性别差异。我倒是找到了不少证据，这些证据显示无论是男性还是女性都会担心自己不够可靠，都会自我怀疑，有时候也会非常确信自己不如别人，哪怕事实并非如此。研究还发现，自我能力否定倾向最严重的往往并不是那些能力最差的人。冒牌货、装腔作势的人和骗子等没有真正能力的人，却自视甚高、目空一切。而在很多机构当中，最勤奋和最有良知的人反而最担心会因为自己的能力不足而辜负他人的期待。[38]

在看不到别人的缺点和对自己产生怀疑的时候，你最容易感到自己是滥竽充数的。举个例子，你对自己的身体最清楚。因此，你很容易就会认为自己的身体上有比别人更多的斑点、妊娠纹或长的不是地方的毛发。而赤裸裸的真相则是，每个人的身体都是不完美的，只是你对自己的身体更熟悉而已。雪上加霜的是，我们所看到的大部分照片的主角都拥有年轻、美丽且健康的身体，他们把所有不完美的地方都用修图软件处理掉了。

有趣的是，导致我们低估自己的心理机制同样也可能导致我们高估自己。我的学生之所以认为自己比同学们更诚实是因为他们更了解自己。他们知道自己是诚实的，但无法确认其他人是否诚实。因为评价一个人诚实与否要考察他说的是不是真话。对于其他人的真实想法，我们只能进行猜测。一个学生可以这样进行推理："如果我知道自己在绝大多数情况下都是诚实的，那其他人没有我诚实的可能性就比较大，所以我可能会比平均水平更诚实。"他们就这样夸大了自己比别人诚实的程度，高估了自己的相对诚实水平。知道自己坚持每天刷牙也可能会导致一个人错误地认为自己比别人刷牙更频繁。

当然，比起了解自己的身体和口腔卫生习惯，有时候，看不准自己的相对优劣势还会导致更严重的后果。比如低收入家庭的孩子进入高等院校深造的问题。在美国，家庭收入后 1/4 的高中毕业生中，只有 1/3 最优秀的孩子能够进入美国的顶级高校，而在家庭收入前 1/4 的高中毕业生中，有 78% 能够进入顶级高校。[39] 出现这种差异的最重要原因是很多低收入家庭的孩子根本就没有提出申请。一方面，他们不了解自己能够把握哪些机会、得到什么样的财务援助。另一方面，他们认为自己被录取的机会不大。

之所以这么悲观是因为他们不了解那些能够进入美国

顶级高校的人到底是什么水平，他们只是推测自己不太可能被录取。而事实上，顶级高校很需要那些来自低收入家庭的优秀孩子。[40] 大部分高校都很希望能够招收不同种族、性别、文化背景、地域和社会背景的学生，以提高学生群体的多元性。大部分对生源非常挑剔的私立大学都会设法帮助低收入家庭承担高昂的学费。也就是说，他们会向那些负担不起学费的家庭提供慷慨的财务援助套餐。显然，增强自信对那些明明很优秀却不敢申请顶级高校的学生非常有好处。

大多数人都不自信的另外一个领域就是写作。写作是地狱级难度，即便很成功的作家也经常感觉自己能力不足。休·豪伊就曾在自己的博客中吐槽："我真的不擅长写作。"[41] 作为出版了 11 部作品的畅销书作家，豪伊这样写道："我可以向你保证，我的写作水平其实是低于平均水平的。看着一份拙劣的草稿在我的笔下诞生会让我感到恶心。这是件毫无秩序的、像喝醉酒一样混乱的事情。"作家们非常清楚地知晓自己遇到的困难，却很少有机会了解其他人在写作时遇到的挑战。你看到的总是完成后的作品，装帧精美且整齐地摆放在书店里。它看起来那么美好、那么秩序井然，好像在宣示着作者的卓越能力。

优秀的作家戴维·雷科夫更了解个中滋味。隔壁日托班的孩子们被送来的时候,他坐在电脑前开始写作。尽管之前的工作进展不尽如人意,但新一天的来临又让他充满希望。

也许今天就好了,不会像昨天那样毫无效率,把时间都浪费在了打电话、发邮件、吃零食上了。是的,关键就是今天。不过,先来做一下拼字游戏。等等,保罗·克鲁格曼今天发表了些什么言论?噢!盖尔·柯林斯!我太喜欢她啦!再看看电子邮件,过去40分钟里还没有查收过新邮件呢。现在,吃点儿零食吧。我的好朋友帕蒂打电话来了……什么,已经中午了?隔壁日托班里的宝宝们现在又吵闹起来了,因为爸爸妈妈来接他们回家了。现在,看在老天的分上,坐下来写一句话吧!就写一句话,这不会要了你的命的。真是太要命啦![42]

即便写作没有几乎要了你的命,对于每个人来说,写作都很难。你也许应该对自己的写作水平多一些自信,对自己的诚实程度少一些自信。要保持适度的自信,它必须同基本事实、证据和能力相匹配。也就是说，要想真正找到自己的定位，就要在判断中摒弃假设、想象和错觉。但正如威廉·詹姆斯提醒我们的那样，错觉实在是太诱人了。

相信自己

威廉·詹姆斯被誉为"现代心理学之父"，他是一位睿智的知识分子和有远见的学者。詹姆斯的经典作品《心理学原理》得到了同时代的大部分杰出的心理学家的高度赞誉，其中包括卡尔·荣格[43]和西格蒙德·弗洛伊德[44]。这本书探讨的话题非常广泛，包括心理学是什么、心理学的发展前景等，涵盖了至今仍旧为心理学界广泛、深入探讨的那些最重要的话题。他的思想和理论历久弥新，生命力远超同时代更加著名的心理学家（包括荣格和弗洛伊德）的思想和理论。

詹姆斯早年非常坎坷。童年时期，他的身体和精神都饱受疾病的折磨，从背部疼痛的问题到严重的抑郁症，他曾多次试图自杀。他希望能够成为一名艺术家，却为现实所迫学习了医学。他痛恨医学，在医学院学习期间他曾这样写道："无论是身体上还是精神上，我都处于一种难以言说的绝望、无着无落、孤单无助的状态，无论如何，我也不想再过一遍那样的生活了。"[45] 他于1869年拿到学位，却从未行医。为了抵抗抑郁症的折磨，他开始努力寻找人生的意义。"大概是命运的驱使吧，我无意中进入了心理学和哲学的世界。"他写道。他的研究体现出了他对精神与生理之间的关系的好奇与痴迷。因为研究成果斐然，他于1873年获得了哈佛大学的教职，开设了哈佛大学的第一门心理学课程——《生理学与心理学的关系》。"我从来没有接受过正规的哲学教育，"詹姆斯坦言，"我听过的第一个心理学讲座就是我自己主讲的讲座。"[46]

1878年，詹姆斯写了一篇关于积极视觉化力量的文章。他想象自己正在登山，然后被困在一个地方，想要摆脱困境，就需要"大胆而又危险的一跳"。他写道："我想要跳出这一跳，但因为从未经历过这种情况，我不清楚自己是否具备完成这一跳的力量。"詹姆斯描述了两种可能的结果。第一种，相信自己心中的渴望。是自信让他拥有了成功完成这一跳的勇气。自信的詹姆斯选择了相信自己，他跳了，而且跳过去了。

第二种可能性就是想象自己陷入了自我怀疑。迟疑的詹姆斯举棋不定、踟蹰不前，然后，"虚弱而又颤抖，因别无选择而不得不跳,最后失足跌入裂隙"。詹姆斯的结论是,在这种情况下,"不相信自己是愚蠢的,因为我必胜的信念恰好就是达成它所认可的那个结局的必不可少的先决条件"。换言之,詹姆斯想象了一个依靠自信的力量得偿所愿的情景。也就是说,聪明人往往有自信,而自信也会带来成功。[47]

最早读到詹姆斯的这篇文章时,我认为这是关于乐观主义的益处的可靠论点。确实存在这样一些情况:因为相信好的结果一定会出现,人们选择努力争取的概率会增加,这反过来也提高了得偿所愿的概率。相信自己能够跳过裂隙会提高你选择跳过裂隙的概率,自然也能够增加你成功跳过去的概率。反之,对失败的恐惧很容易吓退你,让你根本就不敢尝试。

所有的父母都曾亲眼见过孩子自己吓退自己的场景。孩子们通常不喜欢尝试新鲜事物:新的班级、新的运动项目、新的食物。"试一下,也许你会喜欢它。"你此时会鼓励孩子,孩子却坚称自己不行:"要是我搞砸了怎么办?要是我讨厌它怎么办?"对失败的想象让他们根本就不去尝试,而他们对失败的担忧则成为自证的预言。不过,父母有时候也会看到孩子充满热情地投入到新鲜事物中。当他们这么做的时候，热情给了他们坚持的动力，而这又反过来增强了他们成功的概率，现实则又一次证实了信念的力量。

由此，你可能会得出积极视觉化会给生活带来良好影响的结论。你不是第一个这么想的人，但其实你应该对此持怀疑态度。尽管有些例子能够证明积极视觉化的好处，同时也有证据表明它的作用是非常有限的。想象你的公司研发的火箭成功进入轨道的画面确实振奋人心，但这并不会直接提高发射成功的概率，就好像想象你自己是教皇并不能让你瞬间移动到罗马一样。

在一项关于视觉化效果的研究当中，心理学家指导大学生在大脑中视觉化自己在期中考试中取得好成绩的景象。[48]当视觉化的对象包括学习过程和复习考试的过程时，学生的实际学习时长会增加，考试成绩也会更好。然而，在视觉化的对象只是积极的结果（较好的考试成绩）的情况下，研究人员并未发现视觉化具有延长学生学习时间、提高考试成绩的作用。想要积极视觉化发挥作用，就必须让它直接影响那些能够影响结果的实际行为，比如学习、练习或者锻炼。[49]也许你会想知道我年少时听的那些作用于潜意识的磁带到底有没有用，我现在可以告诉你，对于我或者任何一个花了大价钱购买它们的人而言，那些东西可能都没有什么用处。[50]

在对威廉·詹姆斯的阿尔卑斯山历险故事进行反思的时候，我发现了一些自己最初没能想到的问题。如果自我怀疑的詹姆斯真的觉得自己会掉入裂隙，那他依然选择跳过去显然是有问题的。如果是我的话，我想我会去寻找其他不会令自己丧命的摆脱困境的方法。但比这更重要的是，如果他通过这个故事想要传达的观点是相信自己总是能够跳过裂隙是好的，那这个观点就是错误的。有时候你能够跳过裂隙，而当裂隙太宽时，你根本就跳不过去。

也许陷入自我怀疑的詹姆斯只能够跳过 1.5 米宽的裂隙。让我们假设自信的力量能够让他多跳 0.3 米，那么，当裂隙窄于 1.8 米的时候，詹姆斯可以展示那些具备赋能效果的自我肯定仪式，然后放手一搏。但如果裂隙有 6 米宽，任何积极的自我鼓励都无法帮助他跳过去。如果因为相信自己而选择跳出去，无论这一跳所展示出来的自信有多么令人钦佩，这个决定也是错的。对自信水平进行准确的调整是能够避免这种错误的。在生活中的很多方面，自信能够帮助你表现得更好，但自信的作用是非常有限的，相信自己并不能让你在走过炭火的时候不被烫伤双脚。设定不切实际的目标就像是纵身跃过 6 米宽的裂隙：雄心勃勃，却注定以悲剧收场。

太自信的危险

《圣经》中说："骄傲在败坏以先，狂心在跌倒之前。"[51]心理学家杰弗里·范库佛的研究发现，在很多情况下，对自己太自信反而会妨碍你取得预期的成功。[52]他发现并总结了许多个自我效能感越强后续表现反而越差的情况。在进行这类实验的时候，对自我效能感的操控必不可少。因为如果只是简单地分别衡量自我效能和表现，也许可以找出诸多表现二者存在相关性的证据，却不足以证实自信与表现之间存在因果关系。比如过去就有成功完成某项任务经验的人应该是具备完成该任务的能力的，他理应对完成任务有信心且能够成功完成任务。

我们需要一些实验证据来回答一个人是否应该自信这个问题，因为这个问题的核心是自信对结果的影响。范库佛及其同事研究的正是这个问题。在一项研究中，志愿者们一起玩珠玑妙算的游戏，在游戏过程中，志愿者需要猜测棋子的颜色和顺序。范库佛的电脑程序是可以作弊的，他能够通过重新安排棋子的顺序来调整志愿者赢得游戏的难度。那些很轻易就赢得比赛的人自然对自己的能力产生了更强的信心，自我效能感也更强。那么，在没有电脑程序帮助的几轮游戏中他们表现如何呢？比起那些自我效能感低的人，他们的表现更差。[53]在这个例子中，表现好坏取决于是否努力，人们会因为对自己太有把握而降低努力的程度，成功的可能性自然也就降低了。

在我任教的班级中，那些对自己的考试成绩最有把握的学生通常会放松学习，所以他们肯定不会是成绩最好的那几个。同样，那些最自信的跳伞者、登山者和蹦极玩家，也不是活得最长的极限运动玩家。心理学家加布里埃尔·厄廷根一直致力于找出各种想象成功却最终失败的案例。她研究想要减肥的人、想要考出好成绩的学生、想要找到爱人的单身人士。她发现，对未来的积极幻想越多就越无法得偿所愿，反倒最有可能得到更糟的结果。[54]

迈克尔·雷纳在其作品《战略的悖论：企业求成得败的原因及应对之道》中论述了太自信对企业的威胁。他指出，过去的成功会催生自负，而自负则会让一家企业应对新的市场挑战的能力变弱。这也符合事物发展的规律，任何组织在成长的过程中都躲不开这样的阶段。公司成功的基础是成功的员工、产品和制度。已然功成名就的员工、产品和制度天然地抗拒变化，因为它们担心改变会减少未来获得成功、声望和影响力的机会。与此同时，过去的成功也让他们更自信、更固执己见。在组织的高层中，这种情况尤为严重。在这些因素的共同作用下，面对不断变化的市场环境，背负了成功包袱的公司经常适应无能。[55]

有一段时间，父母们被鼓励，要告诉自己的孩子他们什么都能做到。但现在有许多发展心理学家担心，一味增强孩子们的自信心和自尊心会给他们带来意想不到的伤害。在《跨越自尊陷阱》一书中，作者波莉·扬-艾森德拉思指出，用积极和正面的信息来肯定孩子可能会使他们对结果更失望，还会导致孩子们不够努力。这种说法与心理学家卡罗尔·德韦克的观点不谋而合。德韦克认为，总是告诉孩子们他们聪明、有天赋、能力强，会让他们害怕失败，主动回避那些有失败风险的机遇。孩子们其实很清楚自己的极限在哪里，他们担心一旦失败，父母对他们的肯定和鼓励就会被证明是错误的。[56]

那么，作为商人的埃隆·马斯克该对作为学者的威廉·詹姆斯说点什么呢？马斯克勇于冒险的精神在特斯拉和 SpaceX 的成功中发挥了多大作用呢？马斯克能够取得那么多大胆而又危险的成就只是因为他相信自己能行吗？当被问及该问题的时候，马斯克坚称那些符合实际的、容易实现的目标成功的概率最大。他说："我当然没有试图设定不可能达成的目标。我认为不可能达成的目标是会令人丧失斗志的。"[57]他曾经见过因为目标太过乐观而导致混乱的情况，所以下定决心自己要做得更好。"我努力重新调整，让自己的想法更符合实际。"

第二章

我怎么可能错呢

哈罗德·康平曾经预言世界会在2011年5月21日毁灭。康平是家庭电台牧师团的主席，通过研读《圣经》，他认定世界末日就要来临了。《帖撒罗尼迦书》中预言了末日审判日："上帝本人将会高喊着从天堂降临人世……然后，我们这些还活着的人，必和他们一起被提入云中，在空中与主相遇。"[1] 康平还对自己的计算水平进行了解释："我是一名工程师，我对数字很感兴趣。"[2] 他从《圣经》中找出数字，经过一番加加减减和自由发挥，他得出这样的结论：世界末日会在诺亚大洪水之后7 000年降临。为什么是7 000年？因为一个礼拜有7天，且《圣经》中说"在主看来，一日如千年，千年如一日"。根据康平的计算，这一天指向了2011年5月21日。

康平通过家庭电台发布了世界末日即将来临的消息。[3] 很多相信康平预言的人把自己所有的财产都捐给了宣传世界末日的活动。他们的供奉为在世界各地树立3 000多块广告牌提供了资金，广告牌树立的范围非常广，连多米尼加共和国、印度尼西亚、约旦和坦桑尼亚等地都有。家庭电台牧师团用上亿美元来传播这个预言，还专门购买并装饰了5辆旅行车进行环美巡回宣传。

相信这条预言的一部分人辞去了工作、卖掉了房子并将自己的积蓄挥霍一空。很多人投身传播这个预言的事业，驾车到各地发放传单。而康平本人则对自己的预言表现出了绝对的信心。他说，这条预言是在过去的末日预言的经验基础上做出的，这次与1994年那次不同——康平曾预测世界末日会在1994年到来。这次，他对预言的准确性确信无疑。有人问康平，如果世界末日最终没有来临，他要怎么办。康平斩钉截铁地回答："我甚至从来没有考虑过这样的问题，因为到那个时候我就不在这里了。世界末日一定会来的。"[4] 之后，他又一字一顿地强调了一遍："世界末日就要到来了！"

4位经济学家内德·奥根布利克、杰西·库尼亚、埃内斯托·达尔贝奥和贾斯廷·拉奥设计了一项实验，以测试信众对康平的预言的信服程度。[5] 具体的方法就是，请康平的信众在即时的低收益和在2011年5月21日之后的高额收益之间选择一个下注。4位经济学家分别于2011年5月8日和5月11日在信众集会现场设立了赌桌，让人们选择是要立刻拿到5美元还是4周后拿到更多的钱。需要多提供多少钱才能让人们愿意放弃马上就可以得到的5美元？他们愿意为了50美元而选择在世界末日之后拿到钱吗？那么500美元呢？如果无论如何他们也不愿意在世界末日以后拿到钱，就说明他们完全相信这个预言。结果如何呢？康平的信众们拒绝选择4周后再拿钱。在当场就能拿到5美元和5月21日后可以拿到更多钱之间，他们选择前者，他们坚持认为，任何东西都无法动摇他们的信念，什么也不能让他们否定在不久之后的5月21日世界末日将会降临。只有一个参与者愿意选择在世界末日后拿到更多的钱，他承认自己并不相信这个预言，他是被一个朋友拽来的。

毫无疑问，康平的信众们的初衷是善意的。他们都是好人，他们相信世界末日即将到来，为了警示世人，他们做出了巨大的牺牲。不过,看来他们对证据的评估能力一般,信念的逻辑基础也还不够严谨。你对自己的严谨性和逻辑性的要求到底应该定多高呢?该如何避免自己被错误的或者有误导性的言论所影响呢?为了评估你所相信的事情的准确性,我也想让你来预言一下世界末日,不过我们预言的是某些人的末日。在美国 2018 年去世的人中,下列死亡原因的比例分布情况是怎样的?请你在不参考任何材料,不询问任何人的情况下完成下表。

因以下原因死亡的人数	占所有死亡人数的百分比
交通事故伤害及车辆事故	
意外坠落	
其他意外伤害(水灾、火灾、中毒等)	
自残行为(包括自杀)	
人际关系暴力(包括谋杀)	
其他故意伤害行为(包括种族灭绝行为和战争)	

我很快就会公布答案的。公布答案之前,让我们先来思考一种能够帮你调整判断的准确程度的方法。在第一章中,我曾请诸位通过设置 90% 的置信区间的方式评估你对你的答案有多肯定。现在,我们使用另外一种方式衡量你的自信程度。在不查资料且不请教他人的情况下,请对下

表中的 10 个数字进行尽可能准确的猜测。然后，量化你对该猜测的确定程度，也就是估计你的答案接近正确答案的概率（用百分比表示）。

	最佳估计	确定程度
家庭电台牧师团在 2018 年 7 月拥有的全功率电台的数量		
全世界范围内机动车事故死亡人数（百万人）		
《福布斯》公布的截至 2019 年 7 月杰夫·贝索斯的资产总额（美元）		
英国国王查理一世被砍头的年份		
"9·11 恐怖袭击事件"导致的死亡人数		
2018 年亚马逊公司总营业收入（美元）		
英国护国公奥利弗·克伦威尔去世时的年纪		
死于马萨达战役的犹太人人数		
对冲基金公司桥水所管理的资产规模（美元）		
由教皇约翰·保罗二世正式册封的圣徒的人数		

你花时间回答上述问题了吗？请一定要回答。试试看吧，很有意思的。

假设检验

假设检验本身将直接影响你对这些假设的信心。在你检验自己对上述10个问题的答案的确定程度时,你需要回想自己在写下答案时对答案正确性的把握到底有多大。在这个过程中,你其实是在向自己的大脑要支撑数据。也就是说,你会从自己的记忆中搜寻信息,以确定这些估计是不是准确的。这是人们检验大多数问题的方式。不同的问题所激活的信息是截然不同的,相对于"今天的阅读任务无聊吗"这个问题,"今天的阅读任务有趣吗"这个问题所触发的信息会更加积极。大脑默认的思维路径就是搜寻能够证实当前问题的数据、证据和记忆,这在一定程度上是由于找出有什么要比找出没有什么更容易。不过,这只是大脑搜寻证据的本能之一。[6]

心理学家马克·斯奈德和比尔·斯旺曾经做过一项非常经典的研究:他们请志愿者访谈一个人,以确定受访者的性格特点,在外向到内向的连续区间上给受访者的性格做一个判定。[7]研究人员要求一半志愿者确认受访者是不是外向型性格,要求另外一半志愿者确认受访者是不是内向型性格。志愿者被指示从一张问题列表中选取访谈问题,这些问题经过了专门设计，有的更容易诱导出外向型答案（你会如何活跃派对的气氛）；有一些则更容易诱导出内向型答案（妨碍你真正对其他人敞开心扉的因素是什么）。所有志愿者都从同一个问题列表中选取问题，但试图确认受访者是否外向的志愿者选取的外向型问题是内向型问题的两倍。很显然，你提出的问题会影响你得到的答案，即使是最害羞的内向者也能想到活跃派对气氛的方法。

当你问别人"这个假设正确吗"时，也许你觉得自己客观中立，其实你已经有倾向性了。你提出问题的方式本身就会对答案产生微妙的、令人惊讶的影响，你会更容易想到那些能为你背书的证据。你可以设置更有可能得到肯定的答案的问题——当你问其他人这些问题时，他们更有可能给出肯定的回应，或者给你提供可以支撑你假设的证据。而"这个假设错了吗"则会引发完全不同的方法、不同的思路、不同的应对方式和不同的结论。因为不了解自己搜集信息的过程是如何出现偏差的，所以你会对有偏差的结论过分自信。

现在，把你写下的自信程度同实际情况进行比较吧。你的猜测与正确答案的误差小于 5% 的概率到底是多少呢？

	比正确答案低5%	正确答案	比正确答案高5%
家庭电台牧师团在2018年7月拥有的全功率电台的数量	47	49[8]	51
全世界范围内机动车事故死亡人数（百万人）	1.28	1.35[9]	1.42
《福布斯》公布的截至2019年7月杰夫·贝索斯的资产总额（美元）	1 550亿	1 630亿[10]	1 710亿
英国国王查理一世被砍头的年份	1566年	1649年[11]	1730年
"9·11恐怖袭击事件"导致的死亡人数	2 846	2 996[12]	3 146
2018年亚马逊公司总营业收入（美元）	2 210亿	2 329亿[13]	2 450亿
英国护国公奥利弗·克伦威尔去世时的年纪	56岁	59岁[14]	62岁
死于马萨达战役的犹太人人数	912	960[15]	1 008
对冲基金公司桥水所管理的资产规模（美元）	1 520亿	1 600亿[16]	1 680亿
由教皇约翰·保罗二世正式册封的圣徒的人数	459	483[17]	507

为了测试你的自信程度是否准确，请将你对这10个问题的答案的平均信心与你的猜测与正确答案的误差小于5%的概率进行对比。你做得怎么样呢？如果你跟大多数人差不多，你的自信程度会高于你回答问题的准确度，但你的表现可能会比你在完成第一章中关于置信区间的任务时好

一些。一般而言，人们估计可能性的时候，都比估计置信区间时表现好。原因有二，首先，置信区间的逻辑基础就是把非确定性看作概率分布，只有极少数人具备这样的天赋；其次，日常生活中很少会遇到需要我们具体给出置信区间的情况，我们在这方面得到的练习比较少，得到的相关反馈也很少。[18]

我还想让你再做一次估计。请你预测今年全世界死亡人口中因受伤（相对于疾病和饥饿）致死的占比。请不要回头看你之前的答案，只对这一个问题进行估计。

因以下原因死亡的人数	占全部死亡人数的比例
受伤（故意及非故意伤害）	

尽管比例估算比置信区间的准确性高一些，但也会表现出预测偏差。我们倾向于夸大焦点假设发生的概率。也就是说，我们会高估自己正在考虑的这个假设成立的概率。克雷格·福克斯和阿莫斯·特沃斯基曾进行过一项研究。[19]他们要求一些篮球球迷预测每支冲击NCAA（美国大学生篮球联赛）1/4决赛的球队赢得比赛的概率。当球迷们依次考虑每一支球队时，他们会问自己："这支球队会赢吗？"当然，每支球队都有自己的优势。因此，如果孤立地进行

分析，每支球队赢球都是有其合理性的。结果，综合所有预测，8支球队赢球的概率总和达到了240%，而从逻辑上来讲，8支球队赢球的概率总和应该是100%。关注任何一个单一的假设都会导致其可信度或真实性的主观性膨胀。有时候，这样的错误是可以自行修正的，只要按比例调低每支球队获胜的概率，直至总和为100%就可以了。

在估计死亡原因占比时，可能也会出现这种情况。[20] 现在回头看看你对各种因伤致死者占比所做的估计，再把它们加起来。你的得数跟你刚才估计的因伤致死人数总占比相比孰高孰低呢？如果你跟大多数人差不多的话，从你分别估计各个类别后，再将估值相加得到的总和一定会比你将它们作为一个整体估计出来的总占比要高。根据世界卫生组织的统计，因伤致死人数占总死亡人数的11.1%。这个总数主要由下列几个项目组成：道路伤害及车辆事故3.1%，意外坠落1.4%，其他意外伤害3.5%，自残行为1.4%，人际关系暴力1.2%，其他故意伤害行为0.5%。如果你也像其他大多数人一样过高估计了各个分项致死的比例，那么，你的这场亲身体验足以让你明白，专注于某个特定假设确实会使你高估某件事发生的可能性。单独考虑因伤致死的因素，我们很容易就会忽略因癌症、心血管疾病、各种感染和营养不良而致死的更多情况。

很显然，人脑从记忆中搜寻出来的与假设一致的信息比例过高，这是一个很关键的问题。雪上加霜的是，客观世界常常能够帮助我们证实自己的信念。比如说，在互联网上搜索的时候，你的假设会在很大程度上决定你得到什么样的结果。在搜索引擎中输入"上帝存在"，你可以得到1.23亿条结果，其中大部分都是支持上帝存在的狂热观点。而当你输入"上帝不存在"时，就会发现有8 600万条结果无情地批驳了之前的狂热观点。

可以确信的是，笃信哈罗德·康平的世界末日预言的信众提出问题的方式与研究他们的4位经济学家提出的问题是截然不同的。当经济学家们问虔诚的信众，如果康平的预言被证明是错误的，是否会动摇他们的信念时，很多人拒绝回答这个问题，因为他们根本就不能接受这样的可能性。然而，与宗教所带来的信念感不同，科学研究的首要任务就是要寻找真相。因此，科学家们想要了解期待和假设会在多大程度上影响自己的研究结果。

曾经有一项著名的研究可能就是因为研究者的期待而出现了偏差。主持这项研究的是约翰·巴奇、马克·陈和拉拉·伯罗斯。在研究生时代第一次读到这篇论文的时候，我就对它印象深刻。这项研究是被称为"启动效应"的心理学研究分支中最著名的一项研究。[21] 在研究中，研究人员要求部分被试做游戏，寻找一系列与老年相关的典型词汇，比如"长满皱纹的"、"古老的"、"宾果游戏"、"佛罗里达州"（美国养老胜地）等，以达到对被试进行启动的目的。而对照组的被试则被要求寻找中性的词语，比如"口渴的"、"干净的"等。研究人员会记录被试完成题目之后在走廊上走路的速度。研究人员报告说，那些经过了与老年相关的典型词汇启动的被试走得更慢。然后，他们得出结论：受到"长满皱纹的"这个词启动的被试之所以会走得比较慢，是因为他们头脑中与老年人典型特征相关的概念被自动激活了。

"这太令人难以置信啦！"读完之后我向朋友们显摆道。事实证明我不是唯一一个这么想的人。斯特凡纳·杜瓦扬及其同伴稍晚些时候发表了他们的实验结果。一项采取了同样实验步骤，但采样规模要大得多的实验没有得到相同的结果。[22] 然后，杜瓦扬注意到了实验中的实验助理这个角色，其任务是用秒表为被试计时，测量他们走过走廊需要多长时间。如果这位实验助理了解实验假设和被试的实验条件，则巴奇的实验就能够被成功复制。按动秒表这个动作无意之间造成的微小影响，足以造成对最终实验结果的影响。这个故事提醒我们，一定不能让负责采集和分析数据的人了解研究假设。

卡尔·波普尔曾写道："没有了批判精神，我们就总是能够找到自己想要的东西，我们会去寻找并最终找到能够印证自己心中所想的依据。我们还会把视线从那些可能威胁到自己所钟爱的理论的东西上移开，自然也就看不到它们了。这样一来，我们就能轻而易举地找到那些有利于某个理论的压倒性证据。然而，如果用批判的眼光来看，这些证据都是能够被推翻的。"[23] 波普尔被认为是20世纪最伟大的科学哲学家，他强调了理论证伪在科研工作中的基础性作用。也就是说，在验证你的信念的时候，你应该问自己："我的假设会是错误的吗？"或者更具体一点："哪些证据可以推翻我的假设呢？"

谨记波普尔的忠告，我们找到了一个直截了当的验证假设的方案：测试假设的反命题。换言之，问问自己为什么自己可能是错的。这是决策研究学者们发现的最简单且最全能的偏差消除策略。1984年，查尔斯·洛德、马克·莱珀和伊丽莎白·普雷斯顿给这个策略起名为"考虑对立面"。[24] 他们的研究证明，这种策略可以改变人们验证假设及分析证据的方式，从而有效地消除偏差。从那以后，这种偏差消除策略就被成功应用于实际，纠正了多种难以避免的人为判断偏差。

洛德、莱珀和普雷斯顿认为，就为什么可能犯错进行自我检讨的建议并非他们首创。事实上，这种思想在知识界源远流长。英国内战期间，奥利弗·克伦威尔在对抗英国王室的斗争中就曾提出这样的建议。1649年，英国国王查理一世在怀特霍尔宫的一个阳台上被当众处决。之后，各敌对势力之间展开了激烈的争斗，以决出继任者。苏格兰长老会宣布支持王室，接受查理二世为王位继承人。克伦威尔请求长老会的长老们重新考虑该决定："我请求诸位，以耶稣基督的心肠来考虑此决定欠妥的可能性。"[25]

不管耶稣基督的心肠在这里是否有用，如果你不希望偏差妨碍自己做出正确的决策，就必须主动考虑对立面。而考虑对立面恰好是与大部分人的本能反应相悖的做法。现实就是，人脑更擅长进行正面假设验证。我们本能的冲动就是去寻找一致性或者验证性信息。在克伦威尔提出上述请求的30年前，英国哲学家弗朗西斯·培根就对这一现象进行了描述："人们的思维方式就是一旦接受了某种观点（不管是被他人说服还是这个观点本身就对自己的胃口），就会利用一切其他的东西来支持和验证这个观点。"[26]

为了证明自己的观点，培根举了一个例子：人们普遍认为在海上发生暴风雨的时候向上帝祈求庇护能够帮助水手平安回家。许多在暴风雨中祈祷并活下来的水手都坚信这一点。那么，什么样的证据能够推翻这个命题呢？那些同样虔诚祈祷却没能平安返回的水手能成为证据吧？培根最后哀叹道，"为什么人们总是忘记后面这个问题呢？"他还说："人类认知特有的一个不断重复的谬误就是，它特别容易被肯定打动，为肯定兴奋，却对否定很迟钝，而它本应该对二者都无动于衷。事实上，当我们要确认任何公理的正确性时，反例往往比正面的例子更有力。"我想波普尔也会同意，要想接近真理，推翻命题是非常必要的。我们总是不愿意问自己到底为什么我们可能会是错的，就像狂热的信徒不愿意质疑自己的信仰一样。

犯错的风险

"狂热信徒"这个词的起源可以追溯到1世纪，当时用来指一群被称为奋锐党人的犹太教信徒。奋锐党人认为，除了上帝之外他们不应服从于任何一位主人。他们反抗罗马帝国对犹太领土的侵占，对罗马人和那些被他们认为不够虔诚的或被他们认定为罗马人的走狗的犹太人施以酷刑。一般而言，罗马帝国会给予其占领区域内的民众一定程度的宗教信仰自由，可由于奋锐党人的暴行，罗马帝国对这里的统治变得特别艰难。奋锐党人成功挑起了犹太人与罗马人之间的冲突。然而，他们却没有预料到这样做的后果——耶路撒冷的犹太教神庙被捣毁，犹太人也因此被驱逐出去，被分散放逐到了世界各地。耶路撒冷陷落之后，奋锐党人最核心的成员逃进了马萨达山区的堡垒中，在那里顽抗了几个月。[27] 最终，堡垒被罗马人攻破，这些奋锐党人宁死也不做俘虏。因为犹太教教义禁止自杀，所以他们选择杀死彼此。

今天，仍然存在狂热信徒，狂热信徒的共性就是相信自己的教派是唯一掌握真理的一方。相信康平的世界末日预言的狂热信徒受信念误导，做出了错误的决定，这是他们个人的悲剧。基地组织的狂热分子在2001年9月11日挟持客机撞毁纽约的双子塔，造成了更为严重的后果。数千名无辜者在那一天命丧黄泉，而后又有数十万人死于由此而起的伊拉克战争和阿富汗战争。这一系列战争夺去了许多人的生命，也给基地组织自身造成了诸多严重的后果。美国对该组织的围剿使其大多数领导人死亡，其中最受瞩目的是对本·拉登的追捕行动。这类冲突导致国际局势越来越紧张。

"问题的根本原因在于,现代世界上,蠢人都自以为是,而聪明人却满怀疑问。"[28]英国哲学家伯特兰·罗素在1933年写道。狂热分子也许只是特例,但确实每个人都更愿意相信自己是正确的。事实上,即便是我们当中最聪明的人都很容易犯过度肯定自己的判断的准确性的错误。承认自己会犯错并不容易,即便我们愿意在理论上承认自己的信念和观点可能出错,我们对当前信念的信心也很难校正,找出我们现在相信的东西中不正确的部分就更是难上加难了。

凯瑟琳·舒尔茨在《失误》一书中探讨了这个问题。当她告诉读者自己的书探讨的是什么问题时,读者们回答说:"你的确应该写写我!我总是犯错。"[29]

"这很有趣,"舒尔茨接着说道,"请问你犯了什么错呢?"读者们就不说话了。他们根本就不知道自己错在哪里,但他们知道自己曾经犯过错。可他们现在确信的东西是不是也错了呢?这个问题太难了。毕竟我们之所以相信这些,就是因为我们认为它们是对的。[30]如果我们知道它们是错误的,我们就不会相信它们了。

如果我们发现自己相信的一个东西原来是错的，会发生什么呢？我们就不再相信它了。这时候，我们自然会反思："我真是太蠢了——我过去居然相信了错的东西。我现在不像从前那么蠢了。"这样一来，认识到自己错了居然感觉还不错，因此，无论你是对的还是错的，都会被自己的正直、诚实而感动。正因为如此，你会习惯性地认为自己总是对的。

心理学家简·腾格和基斯·坎贝尔在其作品《自恋时代》中对太自信的后果表达了深切的担忧，他们认为太自信的后果远不止我们所认识到的那样。[31] 他们担心我们所生活的时代不再是一个启蒙的时代，而是一个人人以自我为中心的自恋时代。他们回顾了精神健康专家鼓励父母通过正向激励来增强孩子自尊心的历史。呼吁增强孩子的自尊心的初衷是好的，自尊心有诸多潜在的好处，包括使人更坚韧、更自立、风险承受能力更强。遗憾的是，专家们大多忽略了由此而造成的自负、好斗、妄自尊大、以自我为中心的情况，而这些特征在管理者和政客的身上都表现得非常突出。较强的自尊心确实有好处，但同自信心一样，自尊心也不是多多益善的。腾格很担心年轻人会因为较强的自尊心在进入职场时抱有不切实际的期待，"因为太自信，他们设定了不恰当的目标——这恰恰会导致他们的自信心直接遭受暴击"。[32] 要设定恰当的目标，就必须对自己做出诚恳、准确的评价，并根据现实情况随时调整。

少错一点儿

有两个方法可以避免我们高估自己的信念的正确性。第一个方法就是降低你的自信水平。比如，你可以怀疑自己所估计的教皇约翰·保罗二世所册封的圣徒的人数其实不太准确。第二个方法就是提高估测结果的准确性。在回答细节性问题、评估他人能力和预测未来时，收集更多的信息可以帮助我们找出问题的答案。问问你自己，哪些信息能够帮你形成更加准确的判断，然后去搜寻这些信息。

考虑对立面既有助于调低你的自信水平，也有助于提高判断的准确性。我在研究中发现，当人们强迫自己考虑和估计自己犯错的可能性时，人们对自己的正确性的自信水平会降低，同时也能够让判断更接近事实。[33] 如果我只是问："你认为你正确的可能性有多高？"[34] 人们表现出来的自信倾向就会比较高，而如果我的要求是让他们既要考虑自己正确的可能性，还要考虑自己错误的可能性，他们所表现出来的自信倾向就要低一些。考虑自己可能犯什么样的错误并探索错误发生的可能性确实是有帮助的。

在我写这本书的时候，杰夫·贝索斯登顶世界首富。财富并不是一个衡量智慧的好工具，但我们无法否认，贝索斯是非常睿智的管理者。亚马逊的14条领导力原则体现出他管理哲学的精髓。[35]其中一条就是："好的管理者总是做出正确的决策。"他是这样解释这一条的："一个不断调整自己的想法的人往往能够做出正确的决策。"[36]他解释说，想要永远正确，就要不断调整思维方式。世界非常复杂，我们要经常调整自己以适应现实的变化。正因为这样，我们需要考虑对立面，想要不出错就必须努力推翻自己最笃定的信念，而这其实是违背人的本性的。

你可以邀请身边的人尝试推翻自己的信念和假设，因为这样做有助于调节自信程度。我们可以通过很多方式来实现这一点。亚马逊的另外一条领导力原则就是：敢于谏言，服从大局。在对决策持异议的时候，管理者必须提出质疑，即使这样做令人不适或疲惫不堪。[37]以矛盾冲突的形式体现出来的异议，确实会引起不适。有些时候，意见分歧也会让同事之间产生矛盾。但差异化的信念就是在这样的意见分歧的基础上形成的，这些信念经常可以创造出对冲突双方都有利的机遇。

信念差异化的另外一个显而易见的好处就是创造了向对方学习的机会。面对不同的意见，大多数人的本能反应是自我保护，努力捍卫自己的信念。然而，考虑自己有可能会犯错能够增强你的纳谏能力。你可以聆听不同的意见，获取自己所不具备的信息，然后思考如何根据这些信息来调整自己的信念。通过这样的操作，你的信念可能会变得更加准确，有时甚至可以在这个过程中消除双方的分歧。如果分歧依旧存在，而你还敢赌自己的信念是正确的，那你赌赢的概率就比较大了。

在经济学家们要求康平的信众用他们对世界末日的信念打赌的时候，实质上就是在要求他们对自己的笃信程度进行量化。经济学家们称，在世界末日之后信众们还会继续生存下去，并愿意用这个跟信众们打赌。有人愿意把赌注下到你认为根本不可能发生的事情上，这本身就很能说明问题了。他们掌握了哪些你不了解的信息呢？在考虑过他们的观点和支持他们观点的证据之后，你是否愿意修正自己的信念呢？

在美国的学术机构当中，有建设性的反对意见非常重要，甚至可以说是举足轻重。美国的学术机构有为教员提供终身教职的传统，提出有建设性的反对意见是该项人事制度的有机组成部分。终身教职为教员们提供职业保障，也造成了一定程度的不当激励和其他问题。但美国各大高校似乎都无意废除这一制度。因该制度存在一定的弊端，所以在授予终身教职的时候，大家都慎之又慎。在加州大学伯克利分校的哈斯商学院，每个终身教职的任命都必须在全体教职工大会上通过审核后才能生效。在审核时，首先有两个人就候选人的研究工作进行介绍。一个人是赞同者，陈述这个人值得被授予终身教职的所有原因。而第二个人则是反对者，其职责是质疑候选人的优点，指出候选人的不足。

获得终身教职不容易，但得到它的人当中也不乏有罪之人。与之相比，成为圣徒的门槛应该更高一些。对天主教而言，册封一位新的圣徒是非常重大的事。为了避免犯错，教皇西克斯图斯五世于1587年设立了"魔鬼代言人"，"魔鬼代言人"的职责就是攻讦圣徒候选人。[38]"要阻止任何鲁莽的决定……其职责就是给所有所谓的圣迹提出自然的解释，甚至是给那些被认为体现出候选人英勇和高贵的品德的行为找出符合人性的、自私的动机。"在该职位设立之后的396年里，一共册封了330位新的圣徒，平均算下来，一年还不到一位。[39]

1983年，教皇约翰·保罗二世取消了"魔鬼代言人"这个职位。约翰·保罗二世任职期间一共册封了483名圣徒，差不多每个月就册封一位。没有了"魔鬼代言人"的质疑和制约，惊人的册封圣徒的节奏一直继续着。这其中就包括册封约翰·保罗二世为家庭守护圣徒的决定，尽管这一册封备受争议，进程却非常迅速。最近，方济各教皇创下了一个新的纪录：在一天里册封了813位圣徒。[40] 我无意质疑其中任何一个人的神圣性，只是想要指出，如果有"魔鬼代言人"在，册封圣徒的决定就可以更慎重一些。

要是你能保证自己身边存在一个"魔鬼代言人"，他总能在你做出重要决定之前提出反对意见，你就可以向"魔鬼代言人"学习，借鉴有建设性的不同意见来改善你决策的质量。你所在的组织内，有些人可能会主动承担起"魔鬼代言人"的职责。他们是你的批评者、竞争对手或者投诉者，他们可能会让你感觉很难受，但这些对你不满的人其实是无价之宝。他们可以敦促你去考虑对立面，如果听取他们的批评能够帮助你及时发现和改正缺点，而不至于被媒体关注或对簿公堂，那么，自尊心因批评而受损就是值得的。

发现问题，而不是等待答案

跟我们持不同意见的人，他们的作用直接且实际：为我们提供形形色色的观点。组织内部的分歧通常被认为是消极的，因为这是观点存在冲突的证明，而相互对立的观点不可能同时正确。但有人是正确的总比大家意见一致却都是错的要好。所有人就正确的行动路线达成一致当然好；但如果这不可能实现，至少还可以让一些人的看法更接近正确。观点多样性可以帮助你利用集体智慧获益。研究证实，综合各种不同意见来寻求答案的方式能够帮助我们接近真理。[41]

请想象下面的场景。2011 年 5 月 8 日，两个朋友刚刚听完康平的布道，这时他们俩碰巧遇上了伯克利分校的一名热情的博士生摆在路上的调查台。他们有两个选择：一个是现在拿着 5 美元离场，另外一个是在 4 周之后，也就是 6 月 5 日拿到 500 美元。笃信康平的末日预言的那个人认为自己在 6 月 5 日时就已经随着世界一起灭亡，不能来收这 500 美元了，他坚持要选择现在拿到 5 美元。而他的朋友是被他拽来参加布道的，他的朋友说："我肯定要选 500 美元啊！5 月 21 日是世界末日的概率只有 1%。"

"我对末日预言深信不疑，末日有99%的可能性会到来！"笃信者说道。这两个人争执了很长时间，笃信者把末日预言的依据一一摆出来。而怀疑者则指出，之前所有对世界末日的预言都落空了，连康平本人都算错过，怀疑者甚至还指出，上天会费尽心机地毁掉自己所创造的一切，这个假设本身就缺乏令人信服的证据。

幸运的是，比起为某个预言而争吵，还有一种更有建设性的选项：在两种不一致的观点之间求平均值。虽然这次相关人群规模比较小——只有两个人，他们也可以选择将两个人的估值进行平均。这两个人对5月21日世界末日是否会来临的意见不统一，而他们对事件发生的可能性的估计的平均值是50%。4周之后就有50%的机会拿到500美元当然比现在确定能够拿到5美元更有价值，因此，他们很可能选择4周后再拿钱，以获得更高的回报。

很可能两个人都错了，真正的概率低于他们的预测，最终得到的平均值会和两个估值一样错得离谱。但如果真实值在两个估值之间，平均值就比两个估值都准确，这种情况是比较常见的。有证据表明，各种观点的平均值通常会比单一的观点更准确，无论单一的观点是来自知识最渊博的专家，还是在每个人都发表意见之后形成的一致意见。[42]所以说，意见不一致可以直接帮助我们得到更加准确的判断。

在相互尊重的基础上保留不同意见是非常有益的，许多成功的组织都将这一点植入了它们的基因。专门请人来为某项决策提出问题，分析它为什么可能是错误的，这可能会让管理者的日子不那么舒坦，但要帮助组织做出更好的决策，就必须要这样做。亚马逊的领导力原则包含了大胆谏言的义务。即使这些谏言会揭露出问题、瑕疵和错误，也必须要坚持这一原则。另外一条原则就是，管理者必须要"敢于进行公开的自我批评，管理者要敢于谈论问题，坚持信息透明，即使这样做会令自己难堪"。[43]希望员工可以大胆谏言的组织必须要采取激励措施来鼓励员工这么做，尤其是要奖励那些愿意站出来表达不同意见的人。

我所在的哈斯商学院奉行的一条基本准则就是"质疑现状"。我们致力于培养未来的商界领袖，我们认为具有创新精神的管理者更应该打破常规而不是维持现状。另外，质疑传统思维也与加州大学伯克利分校的精神相符。这所学校一向因其桀骜不驯、敢于抗议而闻名。[44]

鼓励人们提出质疑是非常有益的，因为组织中的等级制度经常会导致从众心理和盲从。而组织和人一样，经常会形成认可既定行事方式的惯性,还会给证实自己所青睐的结论的证据大开方便之门。除了在个体层面发挥作用的心理过程之外,高层管理人员经常听不到下属的批评意见也是造成这种现象的因素之一。哈斯商学院前院长里奇·里昂斯曾说过:"一个人在某个组织内的职位越高,他得到诚实的反馈的难度就越大。这是因为面对高层的时候人们会策略性地谨言慎行……诚实的、有建设性的反馈是如此珍贵,所以,当你听到这样的话时,只有一种恰当的回应方式,那就是:'谢谢你!'"[45]

明尼苏达州前参议员艾尔·弗兰肯曾经自豪地讲述下面这个故事。[46]在一次听证会上,他咄咄逼人地找出了证人证词中的各种漏洞,一一攻讦,几乎将证人逼上绝路。就在他要使出撒手锏,毕其功于一役的时候,一位工作人员递给他一张小纸条,上面简简单单地写着一句话:"你太浑蛋啦!"听证会之后,弗兰肯匆匆返回办公室召开全体员工大会,会上他讲述了刚刚发生的事情,然后说道:"汉娜帮了我一个大忙。我不希望这个办公室里的人有一天会不敢骂我'浑蛋'。好了,散会。"很少有管理者有勇气如此直面自己的错误。之后,弗兰肯又一次展示了他的勇气——在几位女性指责他行为不当之后,他辞去了参议员的职位。[47]应该指出的是，如果他能够早一些以更具批判性的态度看待自己被质疑的行为的话，其实是不用被迫辞职的。

批判者的作用非常神圣。如果你能够做自己的批判者，总是考虑到你所偏向的理论的对立面，时常问自己你为什么可能是错误的，你就能够免去伤心和尴尬之苦。做到这一点，你就不会相信世界末日即将来临，不会盲目跃入山崖的裂隙，也不会干混账事。质疑现状和积极批判能帮助你所在的组织避免错误、发现机遇。拥有一位"魔鬼代言人"非常有用。不过，本着充分公开信息的原则，我在此需要指出，这个职位的正式名称并不是"魔鬼代言人"。它的官方名称是什么呢？从事该职业的人被称为"信仰促进者"，这的确是个神圣的职位。

第三章
可能发生什么

并不是只有自信的人才能够改变世界。很多人都知道，莱特兄弟于1903年驾驶飞机飞过了美国北卡罗来纳州基蒂霍克的沙丘，这是人类历史上第一次驾驶依靠自身动力的飞机进行载人飞行，但很少有人知道在这次飞行之前他们经历的挫折和绝望。两年前，也就是1901年，莱特兄弟来到基蒂霍克，他们在这片沙丘上安营扎寨，目的是制造和试飞一架滑翔机。而他们在这里的经历几乎从头到尾都不甚美好。他们遇到了各种困难和挫折，其中包括酷热的天气和凶猛的蚊子，这些蚊子"明明体形很大，却连孔隙最细小的纱网也挡不住它们"。而当他们开始尝试滑翔机试飞，更要命的威胁出现了——他们的滑翔机总是会头朝下扎进沙土里。奥维尔差一点儿就死于滑翔机事故。他们总是没有办法让机身保持平衡，滑翔机的双翼也总是产生不了足够的升力。"1901年底，当我们离开基蒂霍克的时候，我们很怀疑自己是否还会继续实验，"威尔伯如是说道，"我们当时认为实验完全失败了。"威尔伯甚至对弟弟说："再过1 000年人类也飞不起来！"

对于现在经常到处飞行的人来说，值得庆幸的是，莱特兄弟被说服再试一次。1903年，他们重返基蒂霍克。12月17日，奥维尔驾驶一架由一台粗陋的12马力发动机驱动的奇特装置飞上了天空，这个大家伙跟一架钢琴一样重。奥维尔驾驶飞机用3.5秒飞了30多米。那次飞行证明，比空气重的飞行器是可以飞上天空的。尽管早期的威尔伯非常悲观，他们最后还是成功了。"从此以后，"威尔伯悔恨地表示，"我不再相信我自己了，我以后要避免做预测。"[1]

诚然，面对做预测的挑战时，我们确实应该慎重，但完全不需要做预测的人生是几乎不存在的。在一定程度上，我们做很多决策时都需要依靠对未来的预测。决定是否乘坐一架飞机取决于我是否相信自己未来能够安全到达目的地；决定如何进行投资取决于我认为哪些投资方式能够实现收益最大化；决定午饭吃什么取决于我认为自己最喜欢的是哪一道菜；我选择骑自行车去办公室而不是驾驶汽车是因为我觉得今天的天气非常宜人，而且给自行车找停车位要比给汽车找停车位容易。所有这些决策都在一定程度上取决于我们对结果的预测。第二章鼓励你通过询问自己为什么你可能错了，提高你预测的准确性。在这一章，我将带你学习如何运用概率分布做预测。

预测

预测对于做出好的决策至关重要，所以，每个组织都会进行这样或者那样的预测。比如莱特兄弟就试图预测他们制造的每一架滑翔机的机翼能够产生的升力，以及滑翔机相应的飞行表现。大部分公司都必须对自己的产能进行预测，以保证满足顾客的需求。德国跨国公司巴斯夫股份公司就经常这样做。巴斯夫是全世界最大的化工生产企业，年收入高达700亿美元。[2] 多年前，我帮助巴斯夫做过预测。他们坦言，客户的实际需求经常跟他们预测的需求有很大出入。当他们发现二者之间的差异并做出响应的时候，通常为时已晚，要么产品出现了大量积压，要么就是因为无法完成订单而得罪了客户。

巴斯夫预测产品销售情况的方式跟大多数公司类似：公司会要求对每种产品最熟悉的产品经理就未来一个季度的销售情况做出最佳估测，然后根据这些预测结果确定产量。[3]事实证明，点预测至少存在三个问题。

首先，这个数值是错的。产品经理预测下个季度顾客会购买100吨布洛芬，而所有订单加起来刚好就是100吨的情况是基本不可能出现的。正如美国人口普查局无法将10年后的人口数量预测结果精确到个位数一样，巴斯夫也无法准确预测下一个季度的准确销量。假装能够准确预测未来是非常愚蠢的，因为你面对的其实是一系列可能的结果的分布。

其次，单一的最佳估测数无法体现一系列的可能性。在面对概率分布问题的时候，专注于某个所谓的最佳估测就好像在轮盘赌游戏中将所有的赌注都押在数字18上一样。尽管18是轮盘赌游戏中最中间的数字，但更明智的做法是学会考虑不同可能性的概率分布。如果我们预测的是随机事件，比如轮盘赌或者掷硬币，从概率分布的角度考虑，结果是显而易见的。掷硬币的概率是 50% 正面和 50% 反面，硬币基本不太可能竖起来。而布洛芬的销量有各种可能性，这是一个概率分布问题。布洛芬的销量可能会在 90~110 吨之间，也可能连 30 吨都不到，还有可能非常高，比如超过 170 吨。

最后，点预测的结果会导致我们对判断的准确性太自信，就好像只关注某一个假设会让我们对这个假设的准确性太自信一样。我们本来就有太过相信自己预测的准确性的倾向，而专注于某个最佳估测点会让这种倾向更加严重。在研究中，我经常要求志愿者对一些不确定事件进行估测。有时我会让志愿者看一个人的照片，如下页图所示，然后估计这个人的体重。如果我们要求他们给出一个最佳估测点，然后问他们对自己的答案误差不超过 10 磅[①]的信心有多少，他们一般会认为自己估测的准确率为 60%~70%。而事实上，估测误差不超过 10 磅的志愿者大概只占志愿者总人数的 30%。

最好的方法是要求他们预测概率分布，而不是预测具体的体重，志愿者的估测分布如下：

---

① 1 磅 ≈0.45 千克。——编者注

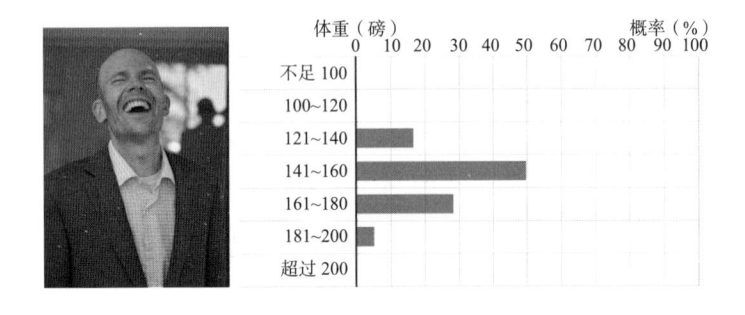

体重（磅）	概率（%）
不足 100	
100~120	
121~140	▇▇ (约15%)
141~160	▇▇▇▇▇▇ (约50%)
161~180	▇▇▇ (约30%)
181~200	▇ (约5%)
超过 200	

在被要求填写这样的直方图时，志愿者不得不拓宽思路，考虑自己的最佳估测出错的可能性。在我提出这样的要求后，志愿者之前认为最有可能包含正确答案的那个区间旁边的数字从60%降到40%。换句话说，当我问这些志愿者哪个区间最有可能包含正确答案时，他们对自己的选择在正确区间内的把握有60%。但当我要求他们估计每一个区间内包含正确答案的概率时，没有任何一个区间的概率会超过40%。尽管40%的概率依然比实际正确率高——准确率平均只有30%，但这个直方图已经非常接近理想分布了。除此之外，这种分布还可以用来辅助商业决策。举个例子，当我们需要解决的是布洛芬销量预测问题而不是体重预测问题时，直方图也是非常有用的。

即便我们要做的仅仅是最基本的预测和生产模型假设，我们也需要先假定客户需求会处于某个概率分布区间内。如果你对概率分布有清晰的认识，就能够推测出过量生产与产量不足之间的成本差异，并利用这个来决定产量。如果布洛芬的保质期比较长而库房中又有足够的存储空间，则过量生产可能不是大问题。相反，如果你的产品时效性极强（比如报纸），过量生产就会造成浪费。巴斯夫便可以通过概率分布来确定未来某特定时间内的最优产量。

关于这个问题最经典的范例就是报童问题。因为客户需求是不确定的，我们假设一个报童必须决定每天进多少份报纸。在我们的假设中，任何当天卖不出去的报纸第二天就毫无价值了，因为新闻已经变成了旧闻。解决问题的关键就在于需求分布情况。在所有的数值（在一定区间内）出现的概率都一样大、均匀分布的情况下，预测结果与正态分布情况下的结果是截然不同的。所谓的正态分布，就是除了少数几个游离点之外，大部分点的分布呈现谷峰形态的情况。

运用直方图进行预测的一个难点就是，有些人不习惯用这种方式来思考不确定性问题。因为对这种方式不熟悉，人们在绘制直方图时会非常吃力。如果你也对这种方法不熟悉，不要绝望，下面这段内容将给你带来希望。

关于不确定性问题的思考

当我们试图预测具有不确定性的未来时，很多人会将原本千变万化的概率衡量标准简化为三个不同的类别：

- 一定会发生，也就是100%的概率；
- 不会发生，也就是0的概率；
- 谁知道呢？也就是经常被模糊地称为五五开的、非常宽泛的概率区间。

在判断被性伴侣传染艾滋病的风险时，年轻人的回答就表现出了将概率预测简单化的倾向。在一项研究中，卡内基-梅隆大学的研究人员请大学生们预测他们与一位艾滋病毒感染者在不做防护的情况下发生性关系，从而感染艾滋病病毒的概率有多大。大概有15%的大学生给出了感染概率为50%的答案。[4] 看到这个结果时我惊呆了，这是我们应该知道的重要概率啊！艾滋病完全有能力将我们与充满魅力的陌生人之间的性关系变成一次漫长而又痛苦的赴死之旅。

大部分人偶尔会考虑在不使用安全套等防护措施的情

况下性交。任何一个考虑这样做的人都必须考虑下列问题：（1）我的性伙伴会不会感染了艾滋病？（2）如果我的性伙伴感染了艾滋病，我被感染的概率有多高？[5]我们很容易就会低估第一个问题发生的可能性，大部分人想当然地认为，如果他们的性伙伴感染了艾滋病，他（她）一定会告诉自己。事实上，有证据表明，大概有1/4~1/2的艾滋病患者并不会将这一情况告知自己的性伙伴。[6]

流行病学数据能够帮助我们了解到第二个问题发生的可能性，但情欲正浓的激情时刻似乎不是做背景调查的好时机。在裤子拉链被拉开的当口儿，很少有年轻人会说，"等一下，如果你没有安全套的话，我得去查查医学文献，了解一下艾滋病病毒的传播情况。"

根据美国疾病控制和预防中心的说法，因为一次未防护的性行为而感染艾滋病的概率不足1‰。[7]这比50%要低得多。参与艾滋病感染风险调查的那些人还被要求回答一些其他的概率问题，比如他们觉得自己会患上癌症的概率。事实上，一个人在一生中患上癌症的概率是40%，[8]但预测患癌症的概率是50%的人只占参与者总人数的16%，[9]与认为感染艾滋病病毒的风险为50%的人数是差不多的。上述研究结果表明，这项研究的参与者采取的是"会""不会""也许会"的三点式的、简化的概率思维模式。

研究结果表明，人们心理上对不同事件发生的可能性的主观权重与事件本身的客观概率不一样。此处，主观概率加权函数可以用来表示两者之间的关系。在下图中，横轴表示客观的真实概率，而纵轴表示主观的心理加权概率。虚线与实线分别表示一个假设完全理性的人与一个现实中的人在心理上的主观概率与客观概率的关系。

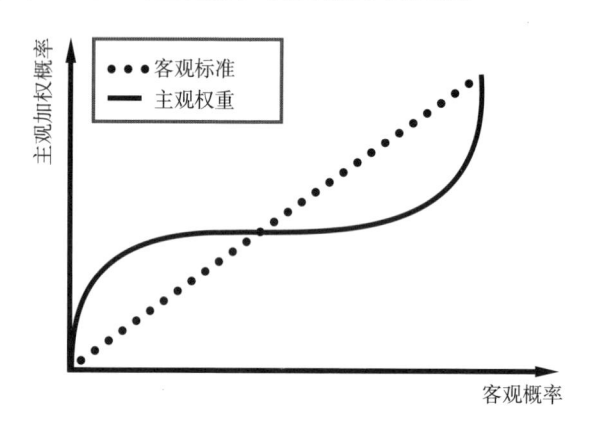

1979年，主观概率加权函数由阿莫斯·特沃斯基和丹尼尔·卡尼曼在他们合写的一篇论文中提出，该论文是社会科学研究领域被引用次数最多、影响力最大的文章之一。[10] 如上图所示，当实际概率位于广阔的"也许"区间时，在主观加权的作用下，即便客观的真实概率存在非常

巨大的差异，人们心理上的差异也是相当有限的。实线的中段几乎是水平的，人们对许多非常重大的概率变化的反应都相当木讷。另外，虚线与实线呈现出越靠近两端距离越远的趋势。概率低的一端距离远，意味着一些小概率事件会对人们的心理造成很大的压力，比如说人们会因为担心发生恐怖袭击事件而焦虑不安。概率高的一端距离远，意味着即便是发生的可能性极高的事件，只要发生概率没有达到100%，也常常会被人们忽视。比如在相当长的一段时期里，烟草公司就利用学术界未就吸烟的风险达成完全一致的情况来规避监管。如今，学术界对于人类行为导致的气候变化还存在争议，化石燃料公司也在利用这一点进行政治游说，反对对该行业课以重税、加强监管。[11]

特沃斯基和卡尼曼有很多重要的贡献，这个理论影响最为深远，应用也非常广泛，它很好地解释了为什么保险和赌博广受欢迎。从表面上来看，这两个行业同样取得巨大的成功确实令人匪夷所思。人们买保险是为了规避风险，他们选择支付确定的保费来弥补将来可能出现的损失。而当这些人去赌博的时候，他们却在玩一个冒险的游戏，他们选择支付一笔确定的费用来换取未来可能赢一大笔钱的机会。那么，那个为自己的赌城拉斯维加斯之旅购买旅行保险的人到底是在冒险还是在规避风险呢?

买保险和参与赌博都是数学期望为负的博弈。也就是说,你最后付给保险公司的保费大概率会高于你从保险公司拿到的赔偿,不然保险公司就经营不下去了。你花在赌博上的钱也大概率会比你赢得的钱多,不然赌场和彩票机构就经营不下去了。这些博弈对消费者而言都是数学期望为负的博弈,但是对保险公司和赌场而言都是很划算的,因为它们赔钱的概率非常低。无论是厌恶风险的人还是寻求冒险的人,他们都高估了小概率事件发生的可能性。所以,人们购买保险和选择赌博的热情都比做好自己本该做的事情的热情要高。

彩票中奖概率极低,如果消费者简单地将彩票中奖划分到概率不确定的范畴中去,就会高估自己中奖的概率。我曾要求卡内基-梅隆大学的学生预测他们赢得1 000万美元大奖的概率,他们预测的概率平均为14%。[12]尽管我这样说很扫兴,不过我们几乎可以确定,他们高估了中奖的可能性。因为在宾夕法尼亚州购买彩票的中奖概率约为0.000 000 8%。[13]

公司管理者需要依据对未来的判断做出诸多重要的决策。比如,是否出售公司很大程度上取决于收购方的出价是否比继续经营公司可能会赚到的钱更多。优兔的联合创始人之一陈士骏在谷歌提出收购他的初创公司时便面临这样的选择。

优兔于2005年2月开始提供线上视频服务,之后迅速发展。截至2006年6月,优兔日均视频上传量达到1亿条。这样惊人的发展趋势是否可以持续呢?彼时优兔每个月的广告收入已经达到了1 500万美元,但还没有开始盈利。公司的广告收入会否超过其维持运营的成本呢?这主要取决于公司的发展趋势。陈士骏曾充满疑虑,他还记得自己的一句牢骚:"我可没有那么多想看的视频。"[14]最后,陈士骏和他的合伙人决定以16.5亿美元的价格将公司出售给谷歌。[15]自那之后,优兔发展势头惊人。2019年,优兔日均视频上传量达到数十亿条。[16]如果陈士骏当时能够准确预测,在是否出售公司的这个问题上,是不是就能够做出更明智的决策了呢?也许会的。

良好的判断力和更准确的预测

我从概率角度思考问题的方法主要基于我与菲尔·泰特洛克、芭芭拉·梅勒斯等人组成的庞大的团队,我们将其命名为"良好判断力计划"。[17]这个计划是美国情报高级研究计划局主办的一个为期4年的预测锦标赛的一部分。美国情报高级研究计划局清楚认识到了地缘政治事件预测所面临的挑战，它知道无论是中国在国际舞台上的崛起还是欧盟未来的发展都是很难准确预测的。比如中菲南海争端是否会引发军事冲突？是否会有更多的成员国退出欧盟？

在这些问题的预测上，哪怕准确度只是提高一点点，都足以为美国带来巨大的潜在利益，也能够提高美国外交政策规划的能力。为了对地缘政治事件的后续发展进行更好的概率预测，美国情报高级研究计划局主办了这次预测锦标赛。良好判断力计划不仅是参赛的团队中预测最准确的，还是其中学术氛围最浓厚的一支。在象牙塔里的教授们通常都不擅长主导大规模项目，我不认为我们有能力打败另外4个团队，主要因为我所在的机构是课题的主负责单位，这意味着团队中的其他人要指望我来打理具体事务，以保证项目的顺利推进。

我有许多工作要做：招聘、培训、激励预测选手等。我们的团队决定要运用集体智慧。我们完全有能力邀请专门研究中国的专家和研究欧洲政治问题的学者来进行预测，但基于已知的研究，我们怀疑他们能否比那些掌握了准确、必要的信息，并且积极性很高的外行人做得更好。正如泰特洛克在其研究中阐述的那样，专家们面临的一个非常大的问题是，在处理新的预测问题的时候，他们会带着先入为主的观点和已形成的意识形态取向。他们已经形成了固有的思考方式，这些东西在帮助他们思考的同时还给了他们自信，不幸的是，这些东西并不能提高他们预测的准确性。[18]

我们知道，比起邀请世界级的专家加入我们的团队，如何教会我们的预测选手用概率思维考虑问题是更重要的事情。梅勒斯设计了一整套概率思维训练方法。我们的预测选手学习了概率的基本知识，并接受了主观性概率调节能力测试。这套训练教会了他们认识不确定性事件，不确定性可能是由于他们对某些问题缺乏必要的认知导致的，而对于政变、军事冲突等复杂的社会现象的预测本身就有很大的不确定性。实践证明，在对特定事件进行预测时，这套训练可以有效提高选手们预测的准确性，还有助于衡量专家预测的结果。[19]这套训练让那些一开始反对概率思维的人放下了成见。

当我们考虑"巴沙尔·阿萨德明年辞去叙利亚总统职务的概率有多大"时，有些人对这个命题提出了质疑："这种情况要么发生，要么不会发生。讨论概率没有意义。"他们的说法有一定道理，回顾历史，我们看到的不是概率，而是什么事情发生了，什么事情没有发生。

不过，在考虑掷硬币和掷骰子的问题时，大部分人对概率思维接受程度比较高，因为我们很容易就可以通过多次掷硬币来观察正反面的结果分布情况，以及不同结果出现的概率。但要收集大量影响叙利亚总统去留的因素，并统计他在内战期间辞职的概率则没有那么容易。然而，这并不意味着你不能用概率思维来分析单一的历史事件。事实上，它和掷硬币没什么两样。掷硬币有且只有一个确定的结果，我们为什么要用概率来搅浑单次预测的这池清水呢？

1825年，法国学者皮埃尔－西蒙·德·拉普拉斯发现，当人类获得知识时，我们对世界的不确定性就会减少。拉普拉斯认为，当我们的知识足够丰富时，我们可以彻底消除生活中的不确定性。他想象出来一个无所不知的生物，这个生物知道宇宙中每一个粒子的位置和运行路径，甚至可以预测掷硬币的结果，因为它能够准确预测这枚硬币如何翻转、如何着陆。[20]

不过，值得怀疑的是，是否有一种智能（无论是天然的还是人造的）能够以这样的准确性来预测世界上的每一件事。从宏观角度上来讲，我们这个有限的宇宙无法容纳这样惊人的智能所需要的庞大的算力。而从微观角度来说，亚原子粒子并不会以可预测的方式运行。即便你就是拉普拉斯口中那个无所不知的怪物，在预测掷硬币结果、布洛芬销量、内战问题和航班起落时间时，你能做到的也不过是提供一个比较准确的概率区间。

概率的魅力

安托万·贡博是一位法国赌徒。1654年，他提出了一个非常好的问题，并凭借这一问题在数学史上留下了自己的名字。正是这个问题衍生出了概率这个学科。贡博喜欢一种赌博游戏。这是一种掷骰子游戏，游戏参与者同时掷两枚六面骰子，在24次掷骰子的过程中至少掷出一次两个六点就算赢了。那么到底是什么决定了掷骰子的结果是不是两个六点呢？在1654年的时候，大部分人回答这个问题的方式跟我们今天回答其他生活中的不确定性问题的方式是一样的。这些问题包括："今年庄稼的收成会如何？""我还能活多久？"而答案则是："天知道！"

在这种赌博游戏上输了许多钱之后，老天爷和庄家站在一边，所以自己成了散财童子这样的答案已经不再能让贡博满意了。因此，贡博决定向自己的朋友布莱士·帕斯卡求教，让他解释一下为什么会这样。帕斯卡是一位天才数学家，他解答了贡博的问题，并由此奠定了概率论的基础。帕斯卡算出，贡博在24次掷骰子的过程中能掷出两个六点的概率只有49.14%。因此，贡博是在下注于一个出现的可能性不足50%的事件，长期来看他注定会输钱。[21]人们尚且弄不清0.000 000 8%的中彩票的概率与14%的中彩票的概率之间的差异，又怎么能指望他们分得清49%的胜率与51%的胜率之间的区别呢？问题的答案就是，我们不应该有这样的指望，至少凭借未经训练的直觉肯定是不行的。

但所有人都有培养自己概率思维的能力。专业的扑克玩家安妮·杜克说，扑克牌高手和业余选手之间的差距就在于高手们了解胜率之间的差异。[22]扑克牌高手并非天生就具有非常敏锐的概率思维，但他们会努力训练以培养更好的概率意识。他们是怎么做到的？他们有大量的练习机会，先做出预判（以扑克投注的形式），然后很快就能够得到明确的反馈，知道自己赌得对不对。扑克牌高手通常能够认识到，计算某些扑克牌被发出来的概率是非常有用的，然而在其他领域，很多人都无法坦然接受不确定性。这里举一个与招聘相关的非常有趣的例子。

大学毕业之后，我曾经在一家工业品供应公司工作过几年。这家公司选聘员工的方式实在是令我感到莫名其妙。这家公司的首席执行官喜欢亲自面试新人。公司里流传着这样一个与面试有关的故事。据说在面试时，首席执行官会脱掉鞋子，把脚放到桌子上并叹息道："你怎么可能会想来这里工作呢？太无聊了！"这可以算是一种"压力面试法"。压力面试法的理论依据是，在非常规的高压局面之下，面试者会暴露真我。然而，在大多数情况下，这些压力会让面试者无所适从，因此，这位首席执行官得到的"真相"其实并不靠谱。

我辞去了这份工作，回到校园攻读研究生，决心研究面试在招聘中的作用，以及面试被滥用和误用的情况。当时的我确信，理解如何正确面试对公司而言大有裨益。在这一点上我是正确的，遗憾的是，我很快就发现，这是一个非常糟糕的研究课题。这个话题已经被研究透了，人们也早就找到了答案：常规的面试方法无法预测被面试者未来的工作表现。[23]学者们了解这个基本事实已经有相当长的一段时间了。可怕的是,这项研究成果对企业的招聘行为几乎没有产生任何影响。这是为什么呢?

原因之一是并不存在完美的人才招聘方式。虽然使用更好的评价方法,被面试者的得分与其实际工作的匹配度会稍高一些,但也只不过是将面试和后续工作表现的相关性从 0.38 提高到了 0.53 而已。[24] 确实有所改善,但远远谈不上完美。事实上,没有任何一种招聘方式能够精确预测出某位新入职员工在未来工作中的表现。假阳性(你雇用的人被证明工作表现很差)和假阴性(你拒绝掉的人原本可以很成功)都是可能出现的。我们无法让人们放弃一个不完美的工具去使用另外一个不完美的工具。

我们总是在追求确定性,而多数情况下根本就不存在确定性。我们似乎认为把匹配度从 0.38 提高到 0.53 没有什么了不起,改进之后也还是处于"也许"的灰色地带,根本无法保证什么。而实际上,这种程度的改进足以带来巨大的变化。在棒球运动中,打率是评价选手表现的一个重要指标,它衡量的是运动员挥棒击球时击出的安打数的概率。在 2019 年秋季赛季,美国职业棒球大联盟打率最高的选手是蒂姆·安德森。他的平均打率是 0.333,也就是说,他在 33.3% 的情况下可以命中棒球。[25] 而全联盟最低的打率是 0.207。这两个数据之间的差距就是球星与常人之间的差距。分析表明，在其他条件相当的情况下，将打率从 0.200 提升至 0.300 可以让球员一年多赚 500 万美元。[26] 由此可见，概率的微小差异能够带来非常显著的变化。

校准你的自信度

2017 年 5 月 25 日，一个名为瑞安·贝尔兹的年轻人在玩普林科游戏时得到了概率之神的青睐。[27] 普林科游戏是真人秀《价格猜猜猜》中的一个环节，参赛者需要将一个筹码投入一面网格墙的狭槽内，狭槽由许多凸起的短桩构成。最底端有 9 个容器，上面标注着从 0 到 1 万美元不等的金额，这代表参赛者能够获得的奖金数额。筹码在下落的过程中会撞到短桩然后随机弹向左边或者右边。贝尔兹赢得了 3.15 万美元，创造了普林科游戏的奖金纪录。中奖之后，他的表现完全符合我们对获胜者的期待——喜出望外，高兴得像疯了一样。

其实普林科游戏是梅花栅格的一种表现形式。梅花栅格这种装置最初是为了生成随机分布而设计的，它又被称为高尔顿板，是由弗朗西斯·高尔顿爵士发明的，目的就是展示随机分布的结果（见下图）。

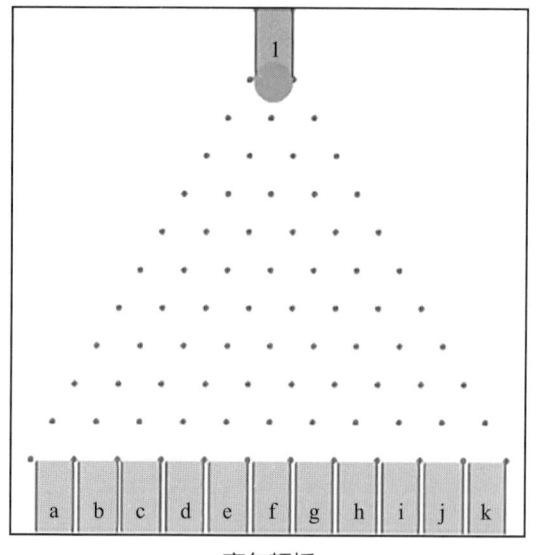

高尔顿板

小球从顶端的槽口落下后，会撞到多个短桩并最终落入底部的某个容器内。我由普林科游戏得到的启示就是，概率分布问题并不像大多数人认为的那样无趣。我曾经做过大约20次高尔顿板落体实验，请志愿者预测小球会落入几号容器。像贝尔兹获胜那样皆大欢喜的局面并不常见，不过志愿者们的表现确实有很多非常有意思的地方。[28]

在看过这个装置之后，很多志愿者认为小球落进几号容器是随机的,所以他们告诉我,小球掉入所有容器的概率都是一样的。这就像因为你不知道自己是否会染上艾滋病,所以就假定染病的概率是 50% 一样不靠谱。结果是随机的并不意味着所有结果出现的概率都一样。如果想让小球落入 a 容器,它必须在 10 次碰撞之后都落到左边,这相当于是掷硬币的时候连续 10 次都掷出正面。出现这种情况的概率是 0.5^{10},也就是说,扔 1 000 次小球,才能有 1 次落入 a 容器。

有时候我们需要对某些不确定性事件做出精确估计。我和我爱侣萨拉从大学时代开始恋爱,终于在 1999 年修成正果。筹备婚礼的时候,我们需要弄清楚应该向多少人发出邀请。我们举办婚礼的场地只能容纳 125 人,但亲友的数量远远超出这个数字。要是能知道谁会接受我们的邀请,我们就不用一遍遍琢磨亲友名单了。

虽然每份请柬都附有一张回执卡,但这些回执在寄出请柬的几周之后才能回到我们手中。如果一直等到每个人都回复之后再邀请其他人,后被邀请的人就会知道自己是"备胎"。而且到那时婚期将近,他们很可能安排不出时间来参加婚礼。问题非常棘手,因为我们想要邀请的亲友遍布世界各地。我们打算只寄出一批请柬,所以确定邀请名单对我们来说就是一场豪赌，我们在赌谁会接受邀请，谁又会拒绝邀请，这是一次高风险押注。

我们是怎么解决这个问题的呢？我们把整个名单过了一遍，逐个估计每个人会出席的概率。我们根据对拟邀请人的了解来做预测。凯莉刚刚搬到伦敦，工作压力很大，她来参加婚礼的概率只有40%。马克斯搬到波士顿去了，不过他很可能愿意借此机会重游芝加哥，他有80%的概率来参加婚礼。他的妻子马拉呢？大概有75%的概率。如果马克斯和马拉出席的话，那么基思和贝丝来参加婚礼的可能性也会大一些，他们出席婚礼的概率为65%。莱恩和他的妻子瓦莱丽呢？我刚去明尼苏达参加了他们的婚礼还做了伴郎，他们来参加婚礼的概率为94%。

在把名单上的223个人可能出席婚礼的概率汇总之后，我们算出可以来参加婚礼的总人数为127.7。所以，我们给这223个人全部发出了邀请。最后来了多少人呢？126个。萨拉和我婚后生活幸福美满，而且大部分时候，在计算概率这个问题上我们都能够达成一致。

概率思维法还可以应用于生活中的其他场景。举个例子，它可以用来估计你什么时候能够完成手上的重大项目。具体来讲，它可以估算出你完成一份重要的报告所需要的时间，也可以估算出建好一座新的建筑或者开发一个新的软件所需要的时间，还可以估算出距离你下一次晋升还有多长时间。请你一定花时间找出一个具体的项目。你可能已经预测过自己什么时候能够完成项目，也可能你已经把你的预测告诉过其他人了，比如你的老板或者客户。而实际需要花费的时间可能是你预计时间的两倍，思考一下发生这种情况的可能性有多大？当然，实际花费的时间也可能只有预计时间的一半。综合所有项目耗时的可能性，你可以绘制出一张直方图。这个简单的过程对应的表有四行，每一行代表一个概率赋值。考虑各种可能性发生的概率能够帮助你做出最准确的预测。

假设 1 月 1 日时，你预测项目完成大概需要 6 个月，依据上面提到的方法，我们就可以对各个条目进行如下设置，用于预测项目完成时间。

条目	概率
4 月 1 日之前	
4 月 1 日至 6 月 30 日	
7 月 1 日至 12 月 31 日	
12 月 31 日之后	

你对条目的设置完全可以更加细致、合理。你需要花些时间来考虑各种可能性。也许以"月"甚至是"周"为单位会更加合理。如果可能性区间比较小,则条目数量也会相应减少。一旦设置好了条目,就可以逐一考虑每种可能发生的概率了。如果开始时所有概率相加的和不是100%,不用担心,你可以调整它们之间的比例。完成调整之后,还可以继续修正这些概率,直至它们相加恰好是100%。也许你想和其他人分享你的直方图,以帮助他们调整对你的期望,为他们提供更加准确的、有用的信息。当然,你可以对直方图中的内容进行取舍。比如,对于希望你的预测能够精确到具体时间的人,你可能会分享一个较晚的时间点,在这个点上你觉得自己完成任务的可能性应该能够达到90%。

更重要的是要与未来的自己共享这个直方图,这样你才能更好地执行计划,并享受这样做的好处。将你的直方图保存在一个日后你能够找到的地方,然后制订计划来确保你能够如期完成。在你的日历上设置提醒并检查预测的准确性。提醒时间可以设置在第一个关键节点,也可以设置在你认为可能性最大的时间点。

我的朋友兼同事朱莉娅·明森请我帮忙审阅她的一篇

论文，我告诉她我很愿意帮这个忙，但是我也不确定自己什么时候才能挤出时间完成这项任务。我可以预测一个完成日期，因为有太多不确定因素，现在断言什么时候能完成审阅非常不靠谱。所以，我向她提供了下面这个概率分布表。

条目	分类概率	完成日期	累计概率
1 天	0%	一天内完成	0%
2~7 天	15%	一周内完成	15%
8~14 天	25%	两周内完成	40%
15~21 天	30%	三周内完成	70%
22~28 天	20%	四周内完成	90%
28~35 天	8%	五周内完成	98%
35 天以上	2%	五周以上	100%

通过这种方式，我免除了承诺具体完成时间的尴尬，代之以更加坦诚的概率说明。这样能够更好地将所有的可能性传达给其他人，包括我的朋友。可以用下页所示的累计概率分布图来体现该预测。

以概率分布的方式思考不确定性问题能够帮助你调整自信程度。这种方法要求你考虑到所有可能性，以及各种可能性发生的概率。因此，你的自信也被放置在一个概率

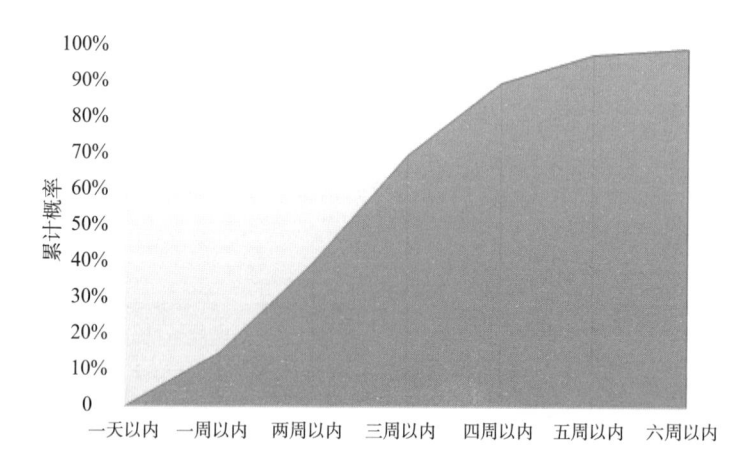

累计概率 — 纵轴
横轴：一天以内、一周以内、两周以内、三周以内、四周以内、五周以内、六周以内

分布区间内，而不是更容易出错的最佳预测点。如果你从来都没有想过自己的发明一年可能卖出几百万美元，现在也许可以思考这种情况发生的可能性。一开始，你可能无法自然而然地用概率分布的方式来考虑未来，但努力掌握这项技能是非常有好处的。随着你对这种思考方式越来越熟悉，你就能够更清晰地看到各种潜在的可能性，修正你的预测并做出更明智的决定。无论你是打算开飞机、提升公司业绩还是玩普林科游戏，这种思考方式都能帮助你更准确地设定期望。

第四章

会糟糕到什么地步

临近博士毕业,我开始担心自己拿着最低的薪酬苦读五年是否值得,担心自己是否能找到工作。"你能找到工作!"我的博士生导师兼益友马克斯·巴泽曼向我保证。

"要是我找不到工作呢?"我还是很焦虑。

马克斯对此的回应是一条保险条款。"听着,"他说,"如果你找不到工作,我可以承诺自掏腰包付给你一整年的薪水,就按照助理教授的平均薪酬水平,9万美元。"但这个保障是有代价的——我得先付给马克斯5 000美元。这笔交易划算吗?

假定当时马克斯确实拿得出那么多钱,而我也不会因为拿这笔钱而感到不好意思,再假设拿了马克斯的这笔钱并不会影响我后续的求职,也就是说,在享受了马克斯提供的保障之后,我的职业前景与作为助理教授被聘用一年之后的前景没有差别。

如果我买了马克斯的保险,我就有机会获利8.5万美元,也就是用马克斯给我的9万美元减去我支付的保费5 000美元。如果我拒绝了马克斯的条件最后又没有找到工作,那么我的运气就太差了——一分钱都赚不到。而如果我找到了工作,我能赚到9万美元。那么,马克斯的保险条款到底划不划算呢?这取决于我求职成功的概率。如果我求职成功的概率为50%,则用工资总额9万美元乘以50%计算出的预期价值就是4.5万美元。马克斯的保险所提供的8.5万美元的溢价将远远高出这个预期值。

我的求职前景越糟糕,马克斯的保险就越值得购买。那么,到底要糟糕到什么程度呢?要计算保费在什么时候超出它的实际价值,我只需要用5 000美元除以9万美元就可以了。我算了一下,计算结果为5.6%。也就是说,如果我找不到年薪超过9万美元的工作的概率超过5.6%,买马克斯的保险就划算。[1]

这就是预期价值计算的基本原理。要计算某个不确定事件（比如某个保险产品）当前的价值，只需用其价值乘以该事件的发生概率。我在自己的班级里教授这个原理的时候，并没有给学生们提供就业保险，而是为他们提供了为掷硬币的结果下注的机会：猜中结果我会给他们20美元，猜错了就什么也得不到。全班同学竞价来争取这个机会，只有一个人能够得到这个机会。在我开放竞价后，出价很快达到10美元，然后就没有人再出价了。这是很明智的，因为价值为20美元、概率为50%的事件，其预期价值就是10美元。

根据预期价值的基本原理，如果我找到一份年薪为9万美元的工作的概率低于94.4%，则马克斯提供的就业保险就是值得购买的。我认真考虑过之后拒绝了他的保险条款。"看到了吧？"马克斯满意地说，"你也认为自己能找到工作。"

主观臆断

回头想想，我拒绝马克斯的就业保险的做法非常明智。不过，在计算预期价值时，我们很容易犯错。最常见的情况就是被主观愿望左右我们对概率的评估。有时候，判断失误是因为你一厢情愿地相信自己的愿望能够实现：因为太希望一件事情会发生，你错误地评估了它发生的可能性。比如体育迷们总是会高估他们最喜爱的球队获胜的概率；[2] 有个人倾向的民意调查员总是会高估其支持的候选人获胜的概率；[3] 公司的管理者也经常会被主观愿望影响决策，2008年，杨致远就犯了这样的错。

杨致远在10岁时随家人从中国台湾移民到美国加利福尼亚。当时，他只会一个英语单词："shoe"（鞋子）。这点英语的用处实在不大。"我们总是被嘲笑。"杨致远回忆说。但他很快就克服了最初的困难。他以全班第一名的成绩从圣何塞的一所高中毕业。同时，他还是学校网球队的队员和学生会主席。他仅用4年时间就在斯坦福大学完成了电子工程专业的学习，获得了学士学位和硕士学位，而且还是在勤工俭学的情况下。[4]

1995年，在攻读博士学位期间，杨致远和他的同学戴维·费罗发现了一个令他们颇受困扰的情况：互联网上的信息量越来越庞大，但这些信息杂乱无章，没有得到有效的分类。为了解决这个问题，他们创造了"杰瑞和戴维万维网指南"。他们的网站大受欢迎，所以杨致远放弃了博士学业，专心打理他和戴维的公司。幸运的是，他们认识到这家公司需要一个短一些的名字，他们给它起名为"雅虎"。从那时起，杨致远就全身心地投入到公司的运营当中。杨致远的导师之一，斯坦福前校长约翰·轩尼诗是这样描述他的："他简直无所不在，既负责技术开发又负责发展战略制定，既是公司发言人、啦啦队队长、华盛顿游说代表，又是公司的良心。"杨致远自称"雅虎酋长"，还对员工们说："你们都知道我的血是紫色的，将来也一直会是紫色的！"[5]（雅虎的商标也是紫色的。）

杨致远在 2008 年拒绝了微软出价 446 亿美元的收购。当时，很多人都已经意识到谷歌的出现会给雅虎的互联网搜索业务带来毁灭性的打击。但杨致远坚持认为："雅虎还能够迎来加速的财务增长。我们的品牌在消费者心目中的地位非常稳固，我们在全球拥有大量用户，而且我们的运营模式也很赚钱。"[6]回头来看，杨致远之所以会做出如此乐观的预测，其中掺杂了太多主观愿望。拒绝微软的收购后，雅虎的股价应声大跌，而杨致远本人也在当年晚些时候被雅虎董事会解除了首席执行官的职务。2016 年，威瑞森电信以 48.3 亿美元收购了雅虎的核心业务，价格差不多是 8 年前微软出价的 1/10。

有时人们会刻意高估积极结果出现的概率。这种高估通常是当事人想要保持乐观的主观愿望的体现。在一篇题为《乐观处方：错估未来到底对不对？》的研究报告中，戴维·阿莫尔、凯德·马西、阿伦·萨基特对这种现象进行了剖析。他们问志愿者是更愿意对未来保持准确的预测还是宁愿夸大积极结果出现的概率也要保持积极乐观。选择以积极乐观的方式看待未来的人非常多。[7]原因之一在于很多人相信乐观的态度能够增加积极结果出现的概率。比如志愿者们给出的关于治病的例子，他们认为接受物理治疗的病人应该相信自己最终可以康复，因为这会增加他们康复的概率。

有一本名为《秘密》的书将这种观点发挥到了近乎荒诞的程度。作者朗达·拜恩建议读者相信自己已经拥有心中渴望拥有的东西："你要相信自己已经拥有了它，这种潜在的信念就是你最强的力量所在。只要你相信自己正在拥有它，准备好，奇迹即将发生！"[8]她讲述了她母亲的故事，她的母亲渴望买下一套房子。"我母亲决定要用《秘密》中提到的方法来把那套房子变成她自己的。她坐下来把自己的名字和那套房子的地址写在一起，写了一遍又一遍。她想象自己在新房子里摆放家具。几个小时之后，她接到一通电话,中介通知她卖家接受了她的出价。"

在我们将拜恩所谓的秘密嗤为无稽之谈之前,有必要先来了解一下可能催生这类信念的依据。我们身边从来都不缺乏成功紧随自信而来的例子。自信的政治候选人更有可能赢得选举,[9]那些对自己生存的机会更乐观的癌症患者实际上也活得更久,[10]自信的企业家更容易从投资人那里拿到投资,[11]自信的运动员更有可能战胜对手。[12]在这些例子和无数其他例子当中,相信自己一定能够成功的信念与成功总是密不可分。这种相关性层见叠出,我们见证过很多。

但相关性并不等同于因果关系,并不能仅仅因为两者之间存在联系就确定它们之间存在因果关系。世界上从来都不缺乏不存在因果关系的相关性。春天的花预示着夏日的热,但它并不是酷暑的原因;年轻人比老年人粉刺多,但粉刺并不是年轻的原因;有钱的公司经常成为被告,但官司缠身并不是这些公司赚钱的原因。仅仅因为自信与成功紧密相关就说自信可以带来成功是不妥当的。有且极有可能存在能够解释二者之间联系的第三个变量。在自信与成功这一对关系中,常常被忽视的第三个变量就是能力。[13]

当然,真正有能力的人通常都更自信。他们确实有充分的理由对自己有信心。如果你确信自己能够赢得比赛、能够跳过裂隙或者驾驶飞机，你当然可以对自己有信心。你具备相应的能力，没有什么好害怕的。有人看到了这时的你，就忍不住会认为你成功是因为你自信。大家都能看到你有多么自信，却看不到你为了学习或练习而付出的长期努力。如果你从前没有驾驶过飞机，那你的确应该缺乏接过驾驶操纵杆的自信。在这种情况下，缺乏能力的时候，往往是你信心最不坚定的时候。

当然，自信和能力也不总是携手同行。有时候二者会同时出现，这个时候，就说明当事人准确认识到了自己的优秀。用拳击手穆罕默德·阿里的话来说就是："只要你能够兑现你的承诺，就不存在吹牛一说。"[14] 有能力但不自信的人也能够成功，只要你有足够的进取心，在结果不确定的情况下能够迈出勇敢的一步并付出努力。但如果空有自信而不具备能力，你就危险了，就好像颤颤巍巍地站在钢丝绳上，下方却没有防护网一样。自信心促使你去冒险，可没有技能支撑的话，结局通常不尽如人意。骗子会装成受过专门训练的专业人士，但无与伦比的自信却无法让他们成为真正的飞行员或者外科医生。臭名昭著的大骗子弗兰克·阿巴内尔曾经假扮成医生，他的自信差点儿让被送来就医的婴儿丧命。[15]

我们对未来的信念有可能既准确又乐观吗？很多人相信这是有可能的。在我与伊丽莎白·坦尼和珍妮弗·洛格合作的研究项目中，我们得到的结果同戴维·阿莫及其合作者们的研究结果完全一样：超过80%的志愿者相信乐观与准确可以兼备。[16] 当我们问为什么时，他们告诉我们，因为乐观能够带来成功。

我们试图验证乐观信念的准确性。我们想要给乐观主义一条生路，所以我们的问题是，在完成什么样的任务时乐观的信念能够发挥最大作用。志愿者告诉我们，积极乐观的态度对于那些需要付出努力的测试非常有帮助，其中包括数学考试。所以我们找来另外一些志愿者，把他们分为两组，一组被称为预测者，另外一组被称为测试者。测试者要参加一个包含10道数学题目的考试，而预测者要就积极乐观的态度对测试者表现的影响做出评估。我们给测试者看了这10道题目，帮助他们了解到底要考些什么。然后，我们对一半的测试者进行引导，告诉他们，他们能够答对70%的题目，让他们对考试充满乐观和期待。而另外一半测试者则被告知，我们预计他们只能够答对30%的题目。

我们邀请预测者就考试结果下注，并告诉他们，如果预测准确，我们可以给他们一些钱。预测者都认为乐观的那一组的表现会比悲观的那一组的得分高。但他们错了，事实上，两个组的得分并不存在明显的差异。研究证明，对乐观情绪的作用的乐观期待其实是缺乏事实根据的。

尽管乐观的心态没有能够在这个领域大放异彩，我们还是担心数学考试不是乐观心态发光发热的最佳场景。因此，我们利用另外一项任务重新做了上述研究。在完成这项任务的时候，乐观还是没有能够影响志愿者的表现。实验表明，在需要耐力、运动能力或者脑力的任务中，乐观心态仍旧未能发挥积极的作用。甚至是在玩"聪明的沃里"[①]这个考眼力的游戏时，乐观的心态也没有能够帮助游戏参与者更容易地找到沃里。不过，乐观的心态确实能够帮助游戏参与者坚持用更长的时间寻找沃里。在我们研究的过程中，志愿者总是会认为乐观的心态会带来好的结果。但没有研究证明乐观的心态对实际表现有真正的促进作用。

上述结果可能出乎你的意料，如同我们的志愿者感觉

---

① 聪明的沃里：西方盛行的一个游戏，要求人们在画满东西的图中找到沃里这一角色。——编者注

到的一样。也许你会对此结果持怀疑态度，因为你一直都认为乐观与更好的表现形影不离，正如你认为悲观与糟糕的表现密不可分一样。诚然，二者之间确实存在极强的相关性。但二者具备相关性并不意味着更好的表现的原因就是乐观。我们研究的目的就是了解乐观的心态到底发挥了什么样的作用，具体来说就是："在不考虑实际的能力的情况下，乐观的心态对实际表现会有什么影响？"要回答这个问题，我们就要对乐观的心态进行操控并观察其起效（或者无效）的情况。

坦尼、洛格和我所做的研究的关键点在于，被引导抱有乐观的心态或者悲观的心态的志愿者是随机的。而在实际生活中，类似的情况非常罕见，只有借助这种证据才能够对乐观心态的作用进行系统性的检验。因此，要衡量乐观心态的作用，一般常识和日常经验的价值非常有限。我们通常只能是二者择其一：要么乐观，要么悲观。在缺乏衡量乐观对实际表现影响的必要数据的情况下，我们就会想象，如果自己没有那么乐观的话，情况会糟糕到什么程度。而实际上，我们根本就不知道乐观到底能够改变什么。研究表明，乐观与否对实际表现的影响非常小，至少比大多数人认为的要小得多。

你需要害怕的是什么

本章的主题是预期价值的内在逻辑和在计算预期价值时对参数进行调整的好处。之前我们探讨了因为过度依赖主观愿望而导致的偏差。然而，人们并不总是过分乐观的。当我们因为恐惧而主观夸大了某些不尽如人意的负面结果出现的概率时，就会陷入无谓的担忧之中。我和很多博士同学一样，都非常害怕毕业之后找不到工作。这种恐惧让我惶惶不可终日，总是担心自己会被意向单位无视或者拒绝。马克斯的保险条款激励我拿出实际行动来防范这种风险，迫使我诚恳地评估了这种可能性出现的概率。

另外一个夸大负面结果出现的概率的例子与恐怖主义密不可分。在"9·11恐怖袭击事件"发生之后，美国人预测自己在恐怖袭击中受伤或者丧命的平均概率为20%。[17] 另外一项民意调查显示，"9·11恐怖袭击事件"刚过去的时候，足足有58%的美国人担心自己或者家人会成为恐怖袭击的受害者。这可以说是杞人忧天了——即使是在发生了"9·11恐怖袭击事件"的2001年，在所有美国人当中，也仅有不到0.000 1%的人遭受恐怖主义的伤害。然而，人们对恐怖主义的担忧却一直无法消除，这在一定程度上是因为"伊斯兰国"等极端组织总是向公众展示自己令人发指的暴力行为。[18]即使是现在,还有45%的美国人担心自己或者家人会成为恐怖主义袭击受害者。

但"伊斯兰国"造成的威胁实际上远远低于美国对恐怖组织过度反应所带来的危险。用刀、枪、卡车、炸弹或者飞机武装起来的恐怖分子的确会夺去人们的生命,但此类悲剧的发生并不意味着美国作为一个国家的存在受到了任何实质性的威胁。与美国所采取的国家行动造成的后果相比,这些威胁实在不值一提。美国在"9·11恐怖袭击事件"之后入侵伊拉克的军事行动造成的生命财产损失早已超过了最初的恐怖袭击:有4 000多名美国军人在伊拉克战争中丧生,另有数十万伊拉克人死于非命;有超过3 000名美国军人在伊拉克战场上受重伤,军事行动的花费超过2万亿美元。[19]

美国总统富兰克林·罗斯福曾告诫美国人民考虑到另外一种威胁:"我们唯一值得恐惧的就是恐惧本身——一种莫名其妙的、失去理智的、毫无根据的恐惧。"他的告诫时至今日仍旧适用。我们对恐怖主义的恐惧驱使我们夸大其风险。因为害怕,美国人反应过度,给美国和全世界造成了巨大的损失。这样说并不是要刻意贬抑恐怖袭击的风险,恐怖袭击的风险是确实存在的。但是，某一个个体成为恐怖袭击的受害者的概率确实微乎其微，在决定如何应对恐怖袭击的时候，我们应该充分考虑概率。

同理，感染埃博拉病毒是非常可怕的，但我并没有因为担心感染埃博拉病毒而惶惶不可终日，因为感染它的概率非常低。我更担心的是罹患癌症、心脏病和糖尿病这些疾病，因为这些疾病发生的概率比感染埃博拉病毒要高得多。总体而言，大概有60%的男性会在晚年罹患心脏病，[20]而健康的生活方式能够将这种风险降低一半。这类风险发生的概率非常高，所以为了防范这类风险而采取的行动也有更高的预期回报。

我3岁时曾要求父亲把窗户打开，这样小鸟就可以飞进来唱歌给我听了。而他的回应是："不！不行！它们会飞进来在你身上拉屎的。"他这一辈子都在害怕自己会遭遇什么意外和不幸。我们家购置了心脏除颤器，小轿车的后备厢里塞满了各种防灾救灾物资，没有地方放其他东西。事实上，正如我姐姐在父亲的追思会上致辞时所说的那样，在得知自己得了癌症的时候，父亲有一种终于松了一口气的感觉：他终于知道等待自己的厄运到底是什么了。我父亲从事的工作并不危险，但他比从事高危工作的人更频繁地担心自己会遭遇不测。

消防员、士兵和警察都比我的父亲更应该为自己的安危担忧。然而，适度自信正是他们平安活下来的关键。他们知道太自信的弊端，知道太自信会将自己置于危险之中。他们会谨慎地遵守安全规定，使用防护用具来保护自己的安全。因为总是要刻意防范自己失去谨慎之心，煤矿工人、飞行员等从事高危工作的人通常会比较悲观，担心会发生不幸，他们了解盲目乐观会置自己于危险之中。我们很容易就会想当然地认为，喜欢诸如大浪冲浪、攀岩等极限运动的人都是追求刺激的自大狂。但成功的极限运动爱好者通常对自身的脆弱性和极限所在有清醒的认识，他们总是担心自己太自信。大浪冲浪者布雷特·利克尔曾说过："一旦你开始认为'这个地方完全在我的掌握之中！征服它易如反掌'，那么差不多30分钟之后，你就会变成那个被大浪拍倒，命在旦夕的人。"[21]

在什么情况下居安思危是明智的呢？当我们面对真正的风险的时候。生活在加利福尼亚州北部的人应该比生活在伊利诺伊州的人更懂得如何在地震时保护自己。当人们的生命安全面临威胁的时候，认真对待风险是非常合理的选择。太自信和不自信之间存在一个广阔的中间区域，我们究竟该在哪里落脚呢？最佳建议就是，实事求是的评估潜在风险发生的概率和后果。当我计划在学术界找一份工作时，我花了很多时间考虑会在哪个环节出问题。这些思考帮助我做好预案，规划好自己该做什么以降低这些风险发生的概率。但我还是拒绝了马克斯提出的保险条款，因为我认为相对其预期价值而言，保险的价格还是太贵了。

企业家的困境

我建议大家保持理性的、准确的自信程度，这能够解决企业家面临的最严峻的挑战。我住在旧金山湾区，这里是创业者的摇篮，我所在的加州大学伯克利分校的很多学生都有创业的打算。他们中的很多人似乎非常认可美国的《企业家》杂志于2014年发表的一篇文章中的说法："如果你想要成为一名成功的企业家，你的血管里必须流淌着自信的血液。"[22] 无独有偶，不知凡几的创业者指南手册也都建议未来的企业家们要增强自信。[23]

企业家确实普遍自信。一项以近3 000名企业家为对象的研究发现，有81%的企业家认为自己成功的概率至少有7成，甚至有多达1/3的企业家认为自己成功的概率是百分之百。[24]出现这样的结果的原因应该归结为自我选择：只有那些对自己的未来有信心的人才会选择去创业。但是，企业家之所以总是对自己企业的未来表现出强烈的自信，可能还有别的原因。正如记者詹姆斯·索罗维基所言："成功企业家的诀窍之一就是虚张声势的营销，就是让投资者和雇员为你折服，愿意为你奉献他们的金钱、时间和努力。你就像一个高明的骗子，口中宣扬着乐观的前景……当然，企业家和骗子之间最根本的区别在于，骗子们从根本上了解自己所兜售的美好都是谎言。"[25]

假如只是自己骗自己会不会好一点呢？我们有充分的理由相信，骗自己比骗别人更糟糕。在你所创办的公司能否成功这个问题上，自欺欺人会带来真正的风险。如果你让自己相信你成功的概率是百分之百，那你当然就有理由认为最明智的选择就是将你所拥有的一切投入到你的公司。除了牺牲与家人相处的时间和自己的健康，加班加点工作外，你还掏空了自己的养老金账户，刷光信用卡额度，并将你的房产抵押出去。除此之外，你还说服了家人和朋友也这样竭尽全力筹措资金并把钱借给你，因为这笔投资未来的收益非常可观。

然而，这种程度的乐观多数会被证明是太自信了。毕竟初创公司的失败率是非常高的。研究表明,超过80%的初创公司会在创办5年内倒闭。[26] 即便如此,创业的风险还是值得冒的,因为潜在的收益足够高。换言之,万一你最后成了杰夫·贝索斯或者比尔·盖茨,岂不美哉!虽然失败率高,还是值得一试的。这个说法其实是站不住脚的,有分析表明,即使考虑了所有可能性,平均而言,创业的预期价值也还是负的。[27] 发大财的概率太小了,对大部分创业者而言,还是保有一份稳定的工作并将钱投资给指数基金的收益要更高一些。

当然,这并不意味着我认为选择创业的人应该减少。恰恰相反,旺盛的创业精神是美国经济保持活力和增长的源泉。从淘金潮到技术潮,我所居住的这个州之所以能够有今天的繁荣就得益于一代一代前赴后继的创业者的勇气。尽管对美国和美国经济而言,有很多积极的创业者是非常好的事情,但这并不意味着创立自己的公司是一种非常好的个人事业选择。可以类比一下,创办一家新公司并希望自己能够成为巨富有点像买彩票。彩票和创业一样有机会产生积极的经济效益。在一些地方,彩票基金的收入被用来为学校和其他有价值的项目提供资金。但这并不意味着我会因为买彩票能帮到那些学校就建议我的学生去买彩票。

买彩票是一种大概率会赔钱的赌博。

假设有 100 个潜在的创业者，每个人都要在继续做一份稳定的工作和进入一个全新的市场之间做选择。只有进入全新市场的预期价值高于稳定工作的收入时才应该选择进入全新市场。假设只有一个人能发财并获得 10 倍于稳定工作收入的收益。如果这些潜在的创业者不清楚最后到底谁才能够发大财，那应该有 10 个人会选择进入新市场。这 10 个人中只有 1 个人能够中大奖，另外 9 个人只能咽下失败的苦果。可能这 9 个人会为自己的不幸感到难过，不过，他们的选择其实是符合预期价值原则的。

而如果一些潜在的创业者错误地认为自己成功的概率比这要大，情况就不一样了。假设有些人不认为大家成功的概率都一样，而是一厢情愿地认为自己发大财的机会比别人高出一倍。那么选择创业的乐观主义者就会增加一倍，这样一来，创业的预期价值就只是维持稳定工作的一半了。这样看来自欺欺人并不是明智的策略。如果知道其他潜在的创业者对成功太自信的话，你会怎么做呢？你应该选择退出竞争。跟他们比谁更狂妄自大肯定是个错误。

如果人能够根据创业成功的概率自动调节乐观水平，则那些最乐观的人就是最有可能去创业的人。比起现实主义者，他们选择开拓新领域的可能性会高一些，与此同时，选择创业的人越多，创业的预期价值就越低。不能仅仅因为成功的那个企业家是个乐观的冒险者就认为变得更自信能够提升你成功的概率。诚然，你发横财的概率可能会增加，但是这笔财富的预期价值变低了。这就像是买彩票：买更多的彩票确实能够提升你中奖的概率，但是每张彩票消耗的钱都高于预期。彩票买得越多，你就越穷。

实事求是的目标

我还在另外一个领域发现了很多人们因为自信程度不准确而陷入困境的情况，这个领域就是谈判。我曾经给商科的学生和来自世界各地的企业高管讲授过谈判课程，其中包括托尼·罗宾斯和他的那些铂金合伙人。在我的谈判课上，我传授的一个最重要的概念就是协议外最佳备选方案，[28]也就是如果谈判破裂，你所能够得到的最好结果。你的协议外最佳备选方案决定了在谈判桌上你可以有多强势，以及什么时候你应该起身离开。如果在达成协议外，你还有一个很好的备选方案，你就可以咄咄逼人、寸土不让，因为你知道，如果谈判对手无法满足你的要求，你可以起身就走。而如果你的协议外最佳备选方案非常糟糕，则你与谈判对手周旋的空间就非常有限了。

理解这个概念对你的谈判规划至关重要。在进入会议室之前，你就应该了解你的协议外最佳备选方案到底有多好，以及你应该在什么时候选择放弃谈判。作为授课内容的一部分，我要求学生们在准备谈判的时候写下自己心目中的协议外最佳备选方案，并在此基础上确定他们能接受的最低报价，即在谈判对手提出什么样的条件时他们会选择让谈判破裂。然而，我却一次又一次地看到学生们根据一厢情愿的主观愿望来确定自己的底线。经常有学生在对方提出的条件比他们的协议外最佳备选方案要好得多的情况下，还是坚持他们自认为公平的条件，或者坚持他们自认为值得拥有的条件。

比如说，工商管理硕士总是会根据同学们得到的薪酬来认定一个薪酬水平。我鼓励他们在谈判桌上论证这个观点，解释他们拥有哪些技能和优势，他们为何跟那些得到更高薪酬的同学一样有价值。在决定是否要接受某个工作邀约的时候，他们决策的依据不应该是自己认为的价值，而应该是他们获得的其他工作邀约（或者他们有可能得到的工作邀约）。在完全得不到工作邀约的情况下还坚持相信只有每年16万美元的薪水才配得上自己是非常愚蠢的。在谈判桌上，要保持适度自信，要始终考虑自己对另一方而言的价值。你能够给潜在雇主提供什么样的潜在价值？你期待什么样的薪酬？这份薪酬相对于你的协议外最佳备选方案孰高孰低？

我发现许多公司在设定目标和指标时也会犯类似的错误。确定明确的目标有助于凝聚工作重心、加大工作力度、产生积极成果，所以大部分公司都会设定业绩指标并奖励达标的行为。如果指标定得过低，员工业绩会变差。因此，管理层常常会矫枉过正，选择设定更具挑战性的指标。指标到底设定到什么程度才合适呢？如果业绩好坏与指标的远大程度存在正相关的话（这正是管理层故意调高业绩指标的逻辑基础），指标当然是越高越好。按照这个逻辑来推理，我们应该设定无限高远的指标。而这种做法的弊端非常明显：无法实现的指标会打击员工的积极性。告诉员工只有一天摘27吨草莓或者一个月卖出100辆轿车才能够拿到奖金，这样的指标就不太可能激励员工，因为这样的指标根本不可能实现。即使是埃隆·马斯克也不会设定不可能实现的指标。

适当承担风险

1963年,诺贝尔经济学奖得主保罗·萨缪尔森在与一位同事共进午餐时让同事跟自己打一个赌:如果对方掷硬币赢了,萨缪尔森会付给对方200美元,如果对方输了,就付给萨缪尔森100美元。[29] 同事会不会同意打这个赌呢?很容易就能够看出来这个赌约的预期价值为正,因为 $50\% \times 200 - 50\% \times 100 = 50$。然而,那位同事还是拒绝跟他打赌。同事解释说,损失100美元的心痛比赢得200美元的喜悦更令他刻骨铭心,所以这个赌约的预期价值就变成了负数。这种分析方式对以金钱衡量的预期价值和使用价值进行了区分,使用价值这个概念的引入完善了预期价值的计算,因为它考虑了主观感受这个因素。

本书第三章中提到的卡尼曼和特沃斯基的展望理论就解释了萨缪尔森的同事这种情绪背后的逻辑。[30] 展望理论的一个基本观点就是,损失对心情的影响要比收获对心情的影响更大。换言之,一定程度的亏损所带来的痛苦要比相同程度的盈利带来的喜悦更强烈,有时前者甚至是后者的两倍。在街上捡到20美元令人愉悦,但这对于你的快乐程度的影响远不如丢失20美元大。这种不对等会从许多方面影响我们的决策和行为，在面对有亏损风险的机遇时，我们会踟蹰不前，即便其预期价值为正。

也许你会认同萨缪尔森的同事的说法，并说换作是你也会放弃打这个赌。但这样的选择会带来严重的后果。如果面对每一个存在风险的机遇你都做出这样的选择，你的行为就会表现出强烈的风险厌恶。你每天都会面临各式各样的萨缪尔森式赌局：苹果里可能会有虫子；尝试一家新的餐厅可能会是很棒的体验，当然也得冒着就餐体验不尽如人意的风险；邀请一位新同事共进午餐可能非常愉快，可如果他在吃饭时提出要跟你来一场掷硬币的赌约的话就有点儿尴尬了。如果因为存在风险就选择避开所有的苹果、新餐厅和与新同事共进午餐的机会，那么最后受损的还是你自己。

在拒绝了萨缪尔森的赌约之后，这位同事提出了一个非常奇怪的反要约。他说，虽然自己不愿意接受萨缪尔森的赌约，但如果同样的赌局重复一百次的话他就会接受。在均摊一百次以后，这个赌局的损失就微乎其微了——还不到1%。一旦将存在风险的多次行为作为一个整体来分析的话，原本看起来风险巨大的行为就变得很容易成功了。一个有99%的可能性会赢的赌局，大部分人都会忍不住接受。问题是在现实生活中，无论是选餐厅还是选苹果，有风险的行为总是以单一事件的形式出现的。

因此，有必要认真思考在每次面对这种情况时应该如何应对，确定一个行为准则。如果你每天都与萨缪尔森共进午餐，而他每天都想就同一个问题跟你打赌，你就可以确定总是接受他的赌约的行为准则。如果你每天查看自己的投资账户就会发现，在很多时候，你的投资组合的是赔钱的。这些损失会让你肉疼，你也许会忍不住卖掉那些投资标的。但你还应该知道，市场出现波动是正常现象，很难猜准投资标的的价格什么时候会到达峰值，什么时候又会跌入谷底，你没有办法准确把握市场的脉搏。从长远来看，投资回报为正的概率还是非常大的。在日常生活中，面对连续出现的预期价值为正的有风险的选择时，最理性反应就是每次都接受风险。也就是说，顺其自然、保持投资，才能够确保自己抓住每一个上涨的机会。

但我们经常忍不住要违背自己的行为准则。你通常坚持只吃一份甜品，可这一次自助餐的菜单里可供选择的甜品看起来格外诱人；你通常每次喝两杯酒就够了，但如果用餐气氛特别好而鸡尾酒又特别好喝的话，你就忍不住想多喝几杯；你计划要在 11 点之前上床睡觉，而你正在看的这档节目特别吸引人。在这样的情况下，就需要认真思考一下自己到底想做什么了。你的一生中需要面对成百上千个类似的选择。你可以决定这次真的值得多吃几块甜品，但不要在情况并非如此的时候自欺欺人地认为"这次不一样"。如果第二天你又屈服于同样的诱惑，就不要假装"下不为例，从今以后我就是一个有节制的人了"。

在这里，我要提醒你注意在计算预期价值时最大的陷阱之一：错把效用当概率。这种情况屡见不鲜，它会使某种结果的影响显得比应有的更大。航空事故看起来非常可怕，所以它们会使人产生巨大的心理阴影，从而引发飞行恐惧症。一项研究表明，大约6%的人有飞行恐惧症。[31]遭遇严重的航空事故的确非常不幸，但这种事情发生的可能性是微乎其微的。以里程为单位来计算的话，飞机是所有交通方式中最安全的一种。因为后果非常可怕就夸大遭遇航空事故的风险的行为是错误的。下面还有一个例子，我们都知道彩票中奖的概率并不会因为奖金数额越来越高而增加。事实上，随着奖金数额的增加，赢得奖金的概率可能会下降，因为这会吸引更多的人购买彩票。如果你能够区分效用与概率，就能够更准确地计算出预期价值。先分别估算出二者的值，然后用它们来算出准确的预期价值。

随时记录

当我们运用预期价值理论的时候，需要给某个结果的价值和出现概率赋一个具体的值。马克斯请我为我的就业前景下注的时候，他对货币价值进行了规定，逼着我认真考虑自己主观上认为自己求职失败的可能性有多大，并计算这个赌注的预期价值。事实证明，这样做是很有必要的。将预期价值的计算过程记录下来至少有三个明显的好处。

首先，记录预期价值的计算过程能够帮助你与时俱进。你可能很担心自己对预期价值的计算不够完美，没关系，大部分人都是如此。即便不够准确也比什么都不做要好，迫使自己对预期价值进行计算帮助你回顾过去并给自己评分。在良好判断力计划中，我们要求选手预测某个具体事件发生的概率，然后就预测的准确性进行反思。这是我们帮助选手改善判断力的最重要举措。如果不事先写下自己的概率预测结果，你就很容易受到后视偏差的影响，并在事后相信这个结果是不可避免的。关于后视偏差的一个典型的例子就是"周一早晨的四分卫"——球迷在周日看到自己所支持的橄榄球球队输掉了一场重要的比赛之后，在周一早上发牢骚说："他们的表现怎么这么糟糕？我就知道最后会是这个结果。"

你可能很快就会注意到,在记录概率预测结果的过程中存在一个问题:预测出来的概率是连续的(0~100%),而实际的结果却不是连续的——一件事情要么发生,要么不发生。气象学家会预测降水概率,可实际结果是要么下雨,要么不下雨。不过,我们还是能够给概率预测的准确性打分并奖励相对准确的预测。[32]在拥有大量数据时,你可以对概率预测的结果进行平均,并与实际发生的概率进行比较。在经验中寻找具有可比性的事件对你而言十分有益,它逼着你去思考与当前处境类似的情况,让你对潜在的概率有更清醒的认识,知道可能会发生什么,你应该期待什么。

记录预期价值计算过程的第二大好处就是它能够帮助你规避反复无常的"偶然性怪风"。有时候,你可能下了个很好的赌注,但最后差了一些运气。产品创新往往存在风险,苹果曾经要做的牛顿个人数字助理系列产品就是个例子。[33]这是苹果于1993年推出的掌上电脑产品,在发布这款产品之前,苹果花费了6年的时间和1亿美元的资金用于产品研发。从商业角度来看,这款产品很不成功。牛顿个人数字助理系列产品被认为定价过高,于1997年停产。

牛顿个人数字助理系列产品其实是领先于时代的。它是个高风险的赌注,但它确实有为苹果创造价值的机会。几年之后,苹果发布了 iPhone,这款产品就是在牛顿个人数字助理系列产品的基础上开发的。iPhone 取得了巨大的成功,而牛顿个人数字助理系列产品却惨淡收场。截至 2018 年,苹果已经卖出了 14 亿台 iPhone,[34] 假设每台手机给苹果创造的利润是 150 美元,[35] 则这些手机一共为苹果盈利 2 000 亿美元。即使在发布牛顿个人数字助理系列产品时,它能为苹果创造出 2 000 亿美元盈利的概率仅有 5%,1 亿美元的研发费用也是值得的。

那些真正鼓励创新的公司会通过庆祝失败来鼓励冒险精神。亚马逊和 3M 公司就是这样做的。它们鼓励员工去尝试有风险但前景可观的想法,哪怕员工的想法最后并未成功,公司也会因此保持不断创新的势头。这两家公司都给员工拿着大笔钱冒险的自由,也会奖励初衷良好的失败。那么什么是初衷良好的失败呢?判断的标准就是预期价值是否为正。可在失败之后,你该怎么证明它的预期价值为正呢?如果在大胆冒险之前就记录了预期价值的计算过程,想证明这一点就比较容易了。

除了预期价值之外,还要把你做出决策的推理过程记录下来。这可能会帮助你说服上司或者银行为你的冒险行为买单。而如果你是老板或者投资人，则可以通过这种方式计算值不值得冒险。诚然，如果人们在评估自身想法的时候存在偏见，就会产生各种偏差，但通过明确估算预期价值，你可以将乐观的展望具体化为潜在收益和成功概率，为你的决策赋予可检验性。在结果出来之后，此类记录更是可以发挥不可估量的作用。这就是记录预期价值的计算过程的第三个好处。

在决策时把你的想法记录下来，这对于避免后视偏差而言至关重要。我有理由相信，在提出那个关于我毕业后的求职情况的赌约时，我的博士生导师马克斯并没有好好记录自己的推理过程。最近，我向他重提此事，出乎我意料的是，他居然不记得有这回事了！他问我："我要了你多少保费？"

"5 000美元。"我告诉他。因为他知道我找到工作了，所以马克斯就产生了高估这件事实际可能发生的概率的倾向。

"孩子，这听起来像是我在敲你的竹杠啊！"马克斯笑眯眯地说。

第二部分
—

刚刚好

读完前四章，你可能会因为认识到自己太容易出现偏差而感到沮丧，别灰心！虽然你不是完美的，但人无完人嘛！理解信心对判断的影响能够帮助你改进、提高。第二部分深入探讨了第一部分介绍的那些错误、偏差和愚蠢念头的成因及后果。在此基础上就如何调整你的自信程度提出了建议。

第五章鼓励你重视衡量、评估和定量分析自信的方法。它探索主观评估的灰色地带并考虑如何将模糊的评价转化为数字化的得分。为了避免太自信，你要学习如何定义表现、预测结果和计算预期价值。

第六章将带领你进行一场思维的时空旅行，帮助你进一步理解预测，理解乐观的心态。这一章首先解释了如何检讨过去的失败并利用事后检验分析法来吸取经验教训。接着介绍了具有前瞻性的事前分析法和灾害防治措施，帮助你调整期待值并为未来可能发生的事情做好准备。从未来你希望达到的目标开始倒推，确定现在你应该做些什么来实现这个目标。前瞻和回顾揭示了错误的乐观导致的反复无常和非理性选择。适度自信能够帮助你避免不理性的决策。

第七章建议你从不同的角度进行思考，以调整你的自信程度。不要拘泥于从自身角度出发的自我评价，不要总是从你自己熟悉的角度出发考虑问题，要考虑其他人的观点，包括那些愿意与你打赌的竞争对手的看法和与你观点不同的人的立场。

第八章勾勒了一幅标记好路线的地图，它帮助你找到太自信与不自信之间的中间道路。这一章总结了你在什么情况下最容易太自信或不自信。提醒你牢记之前各章节中介绍的工具、策略和理念，并对它们各自最适用的场景进行了归纳总结。

第五章

明确

2018年3月,凯瑟琳·科尔比·邓恩以艺名柯比参加了真人秀《美国偶像》。[1]她奉上了《美国偶像》史上"拖拍最长的、最响亮的、最怪诞的演唱"。[2]当她大声唱歌的时候,比赛的评委之一歌手凯蒂·佩里捂住了一只耳朵。她继续演唱,评委们都有些坐不住了。面对被淘汰出局的结果,她的反应是:"我觉得我唱得非常好!"[3]她并没有因为评委们的否定降低对自己表演的评价:"我很确定自己非常棒!我想不通……也许他们就想要一般的歌手?"柯比对着摄影机给出了她的答案:"我猜凯蒂一定是有一点嫉妒我，她自己唱不出那些音。"

"自己比别人强"这个信念的作用非常强大。从好的方面来看，它可以让你拥有良好的自我感觉，给你参与竞争的勇气。但当你相信自己唱得非常好而事实并非如此时，你就会让自己成为《美国偶像》中的笑柄。你的笑话明明非常无趣，你却相信它们很好笑，会让别人对你感到厌烦。相信自己特别高尚会让你变得伪善，而伪善的代价远高于为自己的错误辩护。我要给你接种一剂疫苗，让你不会因为太自信而显得盛气凌人。我还想保护你，让你不至于陷入自我批判的深渊，不会对自己的缺点太过自责，或者说，让你有足够的勇气去抓住机会。

太自信的司机

人们可能在很多情况下觉得自己比普通人技高一筹，有大量的研究文献记录了这样的例子。[4]最常被引用的是瑞典心理学家欧拉·斯文森于1981年发表的文章。[5]斯文森要求一些美国司机对自己的车技进行评估，看看自己的车技与其他司机相比孰高孰低。斯文森发现93%的司机认为自己的车技比较好。有许多证据表明，人们会夸大自己相对于他人的优势，这个实验结果也证明了这一点。不过，司机们的回答值得我们进行更深入的分析。他们为什么会这样说呢？我看到了至少三种可能性。

第一种可能性就是他们明知道自己夸大其词了，但他们还是愿意以这种方式打动别人。他们称自己的车技比别人高，是想让面试官觉得他们具备做这份工作所必需的技能。司机们其实不是很自信，但在面试的时候，他们知道自己必须呈现出最好的一面。也许他们并不完全认为自己是个非常好的司机，但他们还是想给斯文森留下一个好印象。如果这是他们夸大其词的原因，那么向他们解释清楚问这个问题的目的就能够减少一些盲目自信的回答。让人们清楚意识到这一点的另外一个方法就是给准确的回答提供金钱上的奖励。[6] 确实有其他研究者尝试用金钱上的奖励来提升人们回答问题的准确性，但这对于消除自夸型偏差的成效不大。[7]

第二种可能性是司机并没有打算糊弄别人，他们只是一厢情愿地相信自己技艺超群。比如说，有人会罔顾自己拿到过多张交通违章罚单的事实，仍然对自己的车技信心满满。他们坚持认为自己在限速每小时48千米的居民区以每小时134千米的速度行驶不应该收到罚单，并且这不能说明自己的车技不高。当这样的错觉起作用时，似乎明确评价标准也起不到多大作用。[8]即使向他们解释了该如何准确评价自己的车技，抱有错觉的司机还是会自以为是。而事实上，明确评价标准很有用。

一项研究深入探讨了明确评价标准的作用。如果很笼统的用"车技"来提问，司机们的自我定位会远高于平均水平。当他们被要求针对警惕性、耐心、盲点探查、后视镜正确使用、刹车使用、驾驶速度和服从交通信号情况等具体的标准进行评价时，司机们的自信水平明显下降了。[9]在一项类似的研究中，我和我的伙伴们发现，尽管人们会觉得自己比一般人聪明，但将问题具体化之后，无根据的优越感就消失了。[10]当我们的问题是："在刚才进行的智商测试中，你认为自己在所有参加测试的人当中处于什么水平？"因为标准清晰，人们认为自己高人一等的可能性就降低了。根据这项研究结果，我们为斯文森的研究结果找到了第三种解释：不同的司机对车技的定义是不同的。

如果每个人对于车技都有独特的定义，那所有人都可以把自己评为最佳司机。你不能说他是错的，不同的人对于如何定义好司机都有不同的看法，这是合情合理的解释。正如对于什么是好玩、什么是聪明或者怎样才算是好歌手，大家的看法都各不相同一样。因为对什么才是车技高持不同看法，人们的驾驶表现也各不相同。我父亲认为谨慎驾驶是评价车技的最重要指标，所以他总是开得很小心。我儿子认为反应敏捷才是车技高的标志，但在我父亲看来，我儿子踩刹车踩得太慢了。他们都认为自己的车技比对方要高，当然，他们依据的是各自的评价标准。

评价标准不够清晰导致斯文森的研究中出现了许多认为自己比一般人强的现象。明确到底什么是聪明、什么是诚实、怎样才算是车技高，能够在很大程度上降低人们自视过高的情况，人们的自我评价也会更加准确。[11]这说明避免太自信的一个主要方法就是明确评价标准。清晰定义什么是安全驾驶以后，就没有几个人还会认为自己比其他人的水平高了。无论是想提升业绩还是想考试前抱佛脚，清晰定义都能够发挥积极的作用。

专业性工作的业绩评价标准是定位过高的重灾区，人们通常认为自己完成本职工作的质量高于同事。如果有员工向你抱怨在加薪或者升职的时候自己受到了不公正的待遇，那你可能就要考虑明确业绩评价标准了。明确规定什么样的行为可以升职能够起到两方面的作用：一方面，它能够帮助人们了解谁应该得到晋升；另一方面，也帮助人们搞清楚自己要怎么做才能升职。这个办法在教学中成效显著，在公司里也应该会很好用。经常有学生向我抱怨，他们觉得自己应该得 A，这时我会分享优秀的作业，当场打分，并仔细解释我是怎么评分的。现在几乎没有人再向我抱怨这一点了。

现实是一剂良药

在本章中，我鼓励大家对自己和同事的业绩进行更明确的定义，并在此基础上做出更准确的评价。你也许会认为这个建议在暗示你应该更看重结果。事实上，许多经理人和公司都宣称自己是以结果为导向的。许多线上课程提供各种与结果导向有关的建议[12]：教求职者如何向潜在雇主展示自己的结果导向思维；教经理人如何让企业文化更具结果导向性。[13] 那么，除了以结果为导向外，我们还有什么选择呢？有人认为我们可以选择结果导向和以人为本之间的道路。[14] 如果说结果导向型管理者只关注业绩和利润，是严格的监工，那避免成为苛刻的讨厌鬼的解药也许就是以人为本了。以人为本的管理者更愿意为别人考虑，更体贴、更人性化。

在我看来，以结果为导向是错误的。这并不是因为我认为管理者应该花更多时间去与他的雇员一起喝酒、唱卡拉OK，而是因为我相信不那么关注结果的管理者反而能够获得更好的结果。如果结果导向意味着你会奖励成功并惩罚失败，其实你最终是在奖励运气，激励员工小心谨慎，惩罚失误并打击初衷良好的冒险行为。因为当运气不好的时候（任何公司、项目或者产品的成败都与运气有关），最优秀的人和最好的创意也不一定会成功。[15] 有时候，决定人们成败的其实是不可抗力。

你应该鼓励公司员工愿意冒着风险为有积极的预期价值的事情下注。比如开发一个新产品需要花费1亿美元，但成功的概率只有5%。尽管大概率会失败，可一旦成功，便意味着2 000亿美元的利润，那么这就是件值得下注的事情。它的预期价值为99亿（计算公式：2 000×5%−1）。精明的工程师尽管了解该项目的前景，却有可能因为他正在为一位结果导向型的领导工作而选择放弃这个机会。这是为什么呢？项目失败的概率高达95%，1亿美元的损失可不是小事，而这位工程师的职业生涯只有一个。为此丢掉工作可不是什么好事，安全的备选方案显然更有吸引力。做一点小事，给已经存在的成功概率更大的产品做一些小小的改动是相对安全的选择，尽管其预期价值相较于高风险项目而言更低。

苹果选择开发牛顿个人数字助理系列产品冒了很大风险。正如我们在第四章中已经了解到的那样，这个产品也确实极不成功。但我们有充分的理由相信苹果在牛顿个人数字助理系列产品上下的赌注的预期价值为正。你该如何激励工作伙伴努力攻克那些预期价值为正但风险巨大的项目呢？奖励初衷良好的失败！没错，预期价值经常带有不确定性，但预期价值对于任何决策而言都是至关重要的，所以我们有必要努力提升自己计算预期价值的能力。事实上，任何一个理性的决策都需要建立在预期价值计算的基础之上。要计算预期价值，必须兼顾两个方面：价值和概率。价值是比较容易确定的，我们不仅要考虑可能的结果有哪些，还要确定每一种结果的价值。在之前的章节中，我曾经介绍过该怎样计算价值和使用价值。

给每种可能的结果发生的概率赋值相对而言会复杂一些。[16] 一种产品热卖的概率有多大？产品完全失败的概率有多大？销售额区间可能是从多少到多少？要回答这些问题，我们就会用到第三章中讲到的概率分布法。如果我们考虑的是掷骰子和掷硬币的问题，大部分人都能接受概率分布法。但对于单一性事件，比如在估计叙利亚独裁者倒台的概率或者衡量某一个人的业绩时，我们会倾向于因果分析，认为是一些因果力量发挥了作用，最终导致了某个特定的结果。而因果分析法通常无法体现这些因果力量的复杂性，也体现不出在其作用下一系列可能的结果。这些结果其实更适合用概率分布法体现。

在第四章中，我曾建议大家记录预期价值计算的过程，给自己的准确性打分。我也曾提到同他人分享这些计算的价值。现在，我要更进一步，我建议你推荐周围的人都来计算预期价值并与你分享他们的计算过程。如果你的工作需要你评价其他人的表现，你可以请他们报出各自的预期价值。比如说，风险投资人必须评估企业家对企业前景的预测是否准确；苹果的管理者必须评估开发牛顿个人数字助理系列产品的预期价值；柯比也需要评估自己参加《美国偶像》的预期价值。你可以请你的同事或者下属帮你一起计算预期价值。某个项目惨淡收场、血本无归的概率有多大？这个项目 5 年内的回报是投资额的两倍的概率有多大？项目结束后，要回头看看这些预测是否准确。别忘了提醒预测者考察其预测的准确度，给他们的预测打分并将得分反馈给预测者能够帮助他们积累经验。

在此，我需要告诫诸位。我鼓励你计算预期价值，在缜密分析的基础上做决定，并不意味着我认为金钱是衡量成功的标准，或者我认为你应该罔顾自己的感受。好的决策应该体现出兴趣、效用和决策者的主观感受。主观感受比较难以衡量，但这并不意味着它不重要。因为你的主观感受难以衡量就以理性的头脑压制它是不对的，好的决策也要考虑效用。你应该努力做到既不完全被头脑左右也不完全被内心左右，努力实现头脑与心灵的双边对话。如果你的内心不肯接受头脑得出的预期价值计算结果，复盘一下吧，想想在计算过程中忽略了你内心中的哪些需求。然后，将这些信息整合进去，再重新计算一次预期价值。

来自乌比冈湖的消息

"乌比冈湖效应"这个说法是由约翰·雅各布·坎内尔命名的。[17] 乌比冈湖是盖瑞森·凯勒虚构的明尼苏达小镇，据说镇上"女人都很强壮，男人都长得很帅，小孩子都比其他地区的孩子优秀"。坎内尔注意到，与乌比冈湖的居民看待孩子的态度一样，美国大多数州都宣称在全美统一标准的学业水平考试中，本州孩子的得分高出平均水平。考试分数牵扯巨大的利益，因为它们是与名为"不让一个孩子掉队"的联邦教育基金捆绑在一起的。"不让一个孩子掉队"旨在以物质奖励那些为培养学生做出贡献的学校和老师。"不让一个孩子掉队"用标准化的测试采集客观数据，以衡量学校、老师和学生的表现。[18]

参加测试的人有充分的理由看重测试结果，没有人愿意听到自己的成绩低于平均水平的消息。各个测试公司之间存在着竞争关系，因此，让各个学区感到开心符合他们的利益。这样的动机会不会促使他们美化测试结果，告诉各个学区学生们的成绩高于平均水平呢？坎内尔估计，超过七成的学生会得到这样的反馈。坎内尔试图调查这些反馈的依据，但他的调查没有能够顺利完成。"没有任何一家公司愿意提供必要的数据来让我分析其测试结果，"[19]坎内尔毫不讳言地批评说，"相对于准确的学业水平测试结果，这些公司对自己的营业额更感兴趣。"[20]

类似的问题不仅存在于标准化测试领域。我们都喜欢听自己想听的消息。彼得·迪托致力于研究人们对好消息的偏好，他试图搞清楚好消息是如何影响我们处理信息的方式的。[21]迪托的一项研究衡量了人们在面对称心如意的健康诊断结果和不能让他们满意的健康诊断结果时的不同反应。迪托的志愿者将会接受一项被称为"TAA 唾液反应检测"的检查——关于这个检查项目的说明都是虚构的。志愿者被告知，该项检查用以诊断受检者是不是 TAA 阴性感染者，其主要表现就是缺乏硫胺乙酰酶（虚构的名称）。志愿者需要将口水吐到 TAA 反应试纸上，并被告知如果他们的唾液中包含 TAA，试纸会由原本正常的黄色变成绿色，变色的过程需要一段时间。事实上，根本就没有所谓 TAA 阴性，而试纸也永远都不会变色。

研究人员记录了志愿者需要多长时间来确认自己已经得到了答案。时间的长短取决于他们认为结果是什么。有些志愿者被告知 TAA 呈现阴性的人罹患胰腺疾病的概率是正常人的 10 倍，这些志愿者等了两分半钟之后才不得不承认试纸没有变色，自己很可能就是 TAA 阴性感染者。而部分志愿者被告知感染 TAA 阴性是好事，罹患胰腺疾病的概率是正常人的 1/10，这些志愿者则在等待一分半钟之后就确认了自己是 TAA 阴性。

很多类似的证据也印证了迪托的研究结论：在审查证据的时候，人们会根据这些证据是否符合自己的偏好和信仰而采取不同的审查标准。[22] 这并不是说你会忽视坏消息。事实上，坏消息会吸引你更多的注意力。在迪托的研究中，志愿者们对坏消息更加关注，观察 TAA 反应试纸的时间也要比其他志愿者长 1 分钟，然后才得接受不幸的判决。

愉快地接受好消息，质疑和抵制坏消息会蒙蔽我们，使我们看不到风险所在。那些总是回避自己不喜欢的消息的人可能会忽视潜在的风险。自 1961 年起，美国国家情报总监每天都会向美国总统做简报。这是在猪湾事件之后，约翰·肯尼迪定下的规矩。美国入侵古巴失败，在很大程度上要归咎为美国情报机关犯下的灾难性错误，肯尼迪不希望同样的事情再次发生。他建立了每日情报简报制度，借此了解最新时事和潜在的威胁。对美国中央情报局内部员工而言，自己找到的情报出现在总统的每日简报当中，就好像记者的文章出现在报纸的头版一样荣耀。

然而，特朗普却认为这样的简报信息量太大，令人费解而又枯燥无趣。[23] 他要求用关于自己的新闻简报来代替情报简报。许多政治人物都会要求下属整理媒体对自己的报道并制作简报，这不罕见，但特朗普想要的并不是美国各大媒体对他进行的有代表性的报道。特朗普想要的是所有正面报道，所有赞扬他的，所有刊登让他看起来非常强大的照片的报道。[24] 可能媒体称赞特朗普的才能、刊登他顶着一头浓密的奇幻金发的照片会让他极度舒适。而我们有理由担忧，只接收这类信息会让特朗普忽视他作为美国总统所面临的真正风险，忽视美国所面临的威胁。

会把阿谀奉承当真话的不仅有美国总统，还有商界名流。[25]成为商界名流的企业家们经常被称为天才。企业家们常常因为公司的成功而得到言过其实的高度赞誉，而他们常常对此信以为真。有证据表明，将公司的管理者偶像化会对公司的业绩产生负面影响。平均而言，知名度高的企业家不如那些低调的企业家业绩好。与大部分企业家相比，埃隆·马斯克得到了更多崇敬和赞誉。他确实取得了非凡的成就，但他也做了很多特别愚蠢的事情。2018年9月，他在优兔直播吸食大麻的行为令许多特斯拉股东非常不快。[26]他还在自己的推特账号上发文，说为了完全掌控特斯拉，他正在努力回购特斯拉公开发售的股票，他的原话是："正在考虑以（每股）420美元的价格将特斯拉变成私有公司，资金有保障。"雪上加霜的是，后来又有媒体爆料，马斯克发推特时可能服用了迷幻药。[27]他在推特上不明智的发言对特斯拉的股价产生了非常大的影响，为此，美国证券交易委员会展开了证券欺诈调查。结果马斯克被处以2 000万美元的罚款，[28]并被勒令辞去特斯拉董事长的职务。

因为相信自己能力超群，相信自己能够更高效地管理目标公司，那些自视过高的企业家热衷于收购公司。越是自信的人就越容易给出过高的报价，他们的报价也最有可能被接受。但这类收购的失败率极高，这证明他们的想法是有问题的。在这类收购中，收购方往往会赔钱。[29] 举个例子，通用电气的一蹶不振就始于一系列不明智的收购。有些人甚至把通用电气称为"糟糕收购的典型代表"。[30] 其中一起非常糟糕的收购就是通用电气于 20 世纪 80 年代对投资金融公司基德公司的收购。主导此次收购的通用电气首席执行官杰克·韦尔奇的身高只有 1 米 7 左右，而且已经开始谢顶。对于太自信是如何导致他高估了自己对基德公司及其业务的理解程度，他是这样描述的："我对此根本一窍不通。我当时太顺风顺水了……我还以为自己有 1 米 8，并且满头黑发呢。"[31] 会出现这样的错觉，主要的原因就是没有能够明确标准和准确量化。

房间里最聪明的人

跟大多数人一样，乔·卡萨诺也好谀恶直。作为 2001—2008 年度 AIG-FP（美国国际集团金融产品公司）的负责人，他听了很多阿谀奉承的话。在他任职期间，AIG-FP 为其母公司美国国际集团赚取了惊人的利润。AIG-FP只是一个大集团中一个极小的分公司，但在2005年，母公司当年100亿美元的利润中有相当大一部分是由它贡献的。这样巨大的成功给了卡萨诺将这个公司当成自己的封地来经营的自由。"这是我的公司。"卡萨诺会这样对员工说。据前员工透露："在卡萨诺的领导下，汤姆（汤姆·萨维奇，卡萨诺的前任）时代常见的争辩和讨论都终止了。"另外一个员工则说："与卡萨诺打交道的方式就是在开始每一件事之前都先说，'卡萨诺，你是对的'。"[32]

卡萨诺只看结果，而他的下属们也努力不让他失望。特别是在大量销售信用违约互换产品方面。在21世纪早期，信用违约互换产品的销售能够带来丰厚的利润。因为房地产泡沫还在继续膨胀，住宅价格也在不断上涨，AIG-FP可以在几乎不需要提供担保的情况下开展业务。当公司内的员工试图警示潜在风险时，卡萨诺置若罔闻。他把类似的警示视为对他的人身攻击。当泡沫破裂，大量次级抵押贷款持有人开始违约之后，AIG-FP需要承担的损失高达约250亿美元。[33]卡萨诺丢掉了工作，美国国际集团也是靠着美国政府的紧急援助才逃过了破产的命运。

跟美国国际集团一样，安然也是一家在相当长的一段时间里利润丰厚的公司，公司的成功也一样使得其管理者自我膨胀。安然以高薪和高福利著称，对那些被公司认为有才能的人非常慷慨。贝瑟尼·麦克莱恩给她关于安然的书起名为《房间里最聪明的人》，这个书名就是安然优越感十足的企业文化的写照。[34]通过深入调查，麦克莱恩揭露了安然在财务活动中的骗局。[35]与AIG-FP一样，管理者的自信心并未帮他们摆脱失败的厄运。与美国国际集团不同的是，美国政府并没有对安然进行紧急救援。安然成为美国有史以来规模最大的破产公司。

将管理者放到神坛上膜拜，会导致他们完全听不到批评的意见，与这种企业文化不同，有些公司努力推行批判性质询。桥水投资公司创始人瑞·达利欧试图在自己的公司建成一个理想的精英领导体制。[36]他希望借助真诚善意的批评和严谨缜密的分析，让好的想法能够在桥水内部畅通无阻地到达高层，无论这个想法是来自高级管理人员还是实习生。他积极鼓励员工努力寻求真相，因为员工才是做出明智决策的最重要的信息基础。亚马逊也同样坚持鼓励有建设性的批判和不卑不亢的异议。贝索斯告诉亚马逊的员工："当你被批评的时候，先对着镜子自省，这些批评意见是否准确。如果所言不虚，请改正你的错误。不要对此有抵触情绪。"[37]

承认别人的批评意见是正确的令人痛苦，但只有直面我们的不完美，才有可能开始改进。[38]多利·楚格在《你想要成为的那个人》一书中记录了她的发现：坚信自己是个好人有时候会妨碍你变得更好。如果你采取防御性的态度来应对自己出现偏差的可能性，就相当于否定了自己还有改进的空间。如果坚信自己是个好人，是诚实的、品行端正的，就等于阻断了自己变得更好的可能。事实上，没有人是完美的，努力改进自己是展现良好意图的最佳方式。你需要接受现实，认识到完美是无法实现的，尽你所能来接近理想。

不要纠结于是否完美，将目光放在改进上，这样你就能够同时听进去好消息和坏消息。赞扬会让人感到满足和得意，但一定要对自己乐于接受赞扬的倾向保持警惕。面对赞扬和批评，人们很容易做出不恰当的反应：容易被谄媚的话蒙蔽，却对批评的话语过分怀疑。只想听到正面消息的管理者会受蒙蔽，无法发现潜在的风险和失败的可能性。坏消息反而更有价值，因为它能够让你看到错误和偏差，可以帮助你了解自己在什么情况下容易一叶障目、被利用或者被打败。

警惕"登顶热"

如果想要明确标准并对自我评价进行量化,你该用什么方式来衡量你的乐观水平呢?我的建议是,你该尽量相信真相。这并不意味着你永远无法超越自己已经取得的成就。我们每个人都有巨大的潜力未被开发,有很多壮举在等待我们去完成,只要下定决心、不懈追求,我们就能够成功。

安杰拉·达克沃斯的研究课题是毅力——即使面临困难和挫折也不退缩,即使不顺利也坚持努力的精神。[39]她的研究严谨、规范,记录了许多毅力帮助人们成功的范例。那些毅力最顽强的人最有可能成功完成有挑战性的任务,无论是难度很高的毕业设计、艰苦的军事训练还是领导一家初创公司。不过,顽强的毅力却不一定会帮助所有人成功。多一些毅力和坚持这类建议只适合非常容易放弃的人,对于那些过于固执的人,或者那些面对注定失败的任务却要升级承诺的人,这个建议并不适用。

杰弗里·鲁宾是美国塔夫茨大学的教授,他的研究课题是承诺升级,他同时还是一名登山爱好者。他曾经给自己设定了一个雄心勃勃的目标——登顶美国新英格兰地区最高的100座山峰。截至1995年6月3日,他已经成功登顶100座山峰中的99座,只剩下卡塔丁山了,所以他约了经常一起登山的朋友丹尼尔·洛夫菲尔德一起去登卡塔丁山。鲁宾斗志昂扬,一心想要实现自己的目标。可天意弄人,在他们攀登的过程中山上起了浓雾,天气条件急剧恶化,洛夫菲尔德建议返回,鲁宾却一意孤行。鲁宾拒绝放弃,表现出了惊人的毅力。安全规则规定攀登者不能独自登山,鲁宾却不顾安全规定坚持继续,宁愿将自己置身险地也要继续攀登。

杰弗里·鲁宾没有能够回来。第二天,搜救队找到了他的尸体,死亡原因是严寒导致的失温。导致其走向绝路的原因之一就是被登山者们称为"登顶热"的心态。这是不顾一切定要登顶的决心。最有毅力的、最顽强的攀登者是最有可能表现出登顶热的人,因为在登顶这件事情上他们最可能升级承诺。

上天有好生之德,为自己的固执而付出生命的例子并不常见。杰弗里·鲁宾的事情表明,面对注定失败的行动,承诺升级会让人付出更多的代价。[40] 比如说,投资人经常不愿意出售亏本的股票,因为他们希望股价会回升。坚持持有股票就等于追加赌注,反而会损失更多。[41] 即使成为美国职业橄榄球大联盟选手的希望渺茫，甚至在连靠运动谋生的希望都没有的情况下，许多渴望成功的大学生还是会选择放弃学习，坚持训练。在一段长期的亲密关系已经变得消极、具有破坏性的情况下，有的人甚至还受到伴侣的虐待，许多人还是不愿意放弃这段关系。[42]在气氛火热的拍卖现场，竞价者们常常会被现场气氛带动，报出比原计划更高的价格。

承诺升级的主要错误就在于忽视了孤注一掷的行为所浪费的机会成本。这笔投资和这段时间还能够用来做点别的什么吗？如果在开始竞拍之前没有事先考虑好自己的预算，以及这些钱可以有什么别的用途，竞拍者就很容易出价过高。吉利恩·古、迪帕克·马哈拉和基思·穆尼根给这种出价过高的情况命名为"拍卖热"。[43]

想要避免非理性的承诺升级，你应该问自己的第一个问题就是：如果坚持下去会发生什么。换言之，坚持下去的预期价值是什么？成功的前景有多么美好？你需要付出什么样的代价才能获得成功？在拍卖中，要考虑拍品的价值和你愿意为它支付的最高价格，还要考虑其他出价者可能会支付多少钱，你需要报出多高的价格才能购得拍品。最后一个问题更重要：如果放弃这个目标，你可以做点别的什么？最后，确定这个备选方案的预期价值。你应该选择这两者中预期价值比较高的。这个方法最关键的部分就是确定备选方案。

好与坏

保罗·纳特研究公司决策的方式后发现，大多数公司做的都是"是否型"决策。[44]也就是说，公司内部讨论问题的方式通常是这样的：公司是否应该采取某项行动。比如，是否应该收购另外一家公司，是否应该进行重组，是否应该聘用某个人。"是否型"决策将行动孤立开来进行考察，每次都是一道做或者不做的判断题。纳特想要搞清楚，这样决策的成功率如何，即最终结果能够符合决策初衷的概率有多大。他的研究结果表明，大部分这样的决策会事与愿违。很多最糟糕的决定都是"是否型"决策。杰弗里·鲁宾决定是否继续攀登卡塔丁山，投资者决定是否要出售赔钱的股票，等等。专注考虑是否要做某事的时候，你就无法考虑其他备选方案，无暇顾及除这件事以外的其他可能性。"是否型"选择让你忽视机会成本。

你应该为选"哪一个"做决定。也就是说，你应该从一些可能的选项中选择最优选项。从各种选项中做出选择会帮助你开阔视野，了解到其他选项的存在，清楚地看到你将失去哪些机会。谢恩·弗雷德里克的研究提醒我们，人非常容易忽视机会成本。[45]他设计了一个实验，将志愿者随机分成两组，以不同的方式提出问题。其中一组的问题是他们是否愿意花14.99美元购买他们一直想看的电影光盘，而另一组则可以选择购买光盘或者留下14.99美元，以后花在别的地方。其实两组志愿者面临的选项在本质上是完全一样的，可他们的选择却大相径庭，面对"是否型"选择的志愿者中有75%选择购买光盘，而面对"哪一个"选择的志愿者购买意愿则低得多，只有55%的志愿者购买光盘。

提到备选方案，也许会让你想起第四章中介绍的协议外最佳备选方案。如果谈判者没考虑清楚谈判破裂后自己能够做什么，便会在事后对谈判结果追悔莫及。在谈判时，你不能只考虑是否接受对方提出的条件，还要考虑在诸多选项当中哪一个是最优的，以及你可以如何优化这些选项。如果在谈判开始之前你就已经认真考虑清楚了协议外最佳备选方案并根据自己的价值观、兴趣和用途给它打好了分，你选择的过程就会顺利许多。

给所有备选方案打分并计算预期价值有一个显而易见的好处——你可以很方便地进行比较。有时很容易就能想到备选方案，比如只要稍做思考你就能想出一笔钱省下来能够用来做点别的什么。但在很多情况下，你得把所有选项列出来逐个评估才行，你可以由此想出其他选项或者以一个全新的视角来衡量自己的选项。在我和妻子考虑要不要生孩子的时候，我一直举棋不定。我的妻子萨拉很想要孩子，我希望跟萨拉保持一致，但我不确定把时间耗在动物园、南瓜田或者游乐场会不会让我不快乐。

我不想要孩子，我认为孩子会让生活一团糟，在我的想象中，没有孩子的我会活得自由自在。在这个想象中的未来里，我可以每天晚上去高级餐厅用餐，去看最新上映的电影和戏剧，随心所欲地到处旅行。但在我想象未来没有孩子的生活时，我意识到萨拉其实不喜欢出去吃饭或者熬夜，而事实上我也不喜欢。我还必须面对一个现实：萨拉作为家庭活动的计划者和组织者，已经带我去过动物园、公园和南瓜田很多次了。我还考虑了我们会因为不要孩子而懊悔的情况，我们的婚姻中可能会有一个一辈子都过不去的坎儿——当我们俩或者我们当中的一个在公园里看到别人家的可爱的孩子时，也许会忍不住思考自己到底错过了什么，发出悔不当初的感叹。

我把是否要孩子的选择转化成了在有孩子的生活和没有孩子的生活之间进行选择，这使我能够更合理地构建各种可能并进行比较。这些思考让我相信，我们应该认真考虑要孩子的事。然后，我亲自验证了研究生时期听到的一句话：拥有一个孩子比论文开题有意思多了。现在我还可以愉快地告诉你们，有了自己的孩子以后，动物园和南瓜田也变得更有意思了。

消极心态的害处

至此，本章讲述了很多与盲目自信有关的警示性故事。我还想提醒你注意与之相对的风险：一些过于消极的观点。纠结于坏消息，眼中只有失败，不但跟太自信一样危险，还会让你一事无成。我曾建议你多听听批评者们都说了些什么，这个建议确实也有副作用——可能会让你矫枉过正。如果总是纠结于消极的观点就反应过度了，我太清楚自己有多么容易因为学生们的批评意见或者因为一个学生在课堂上打瞌睡而久久不能释怀了，即便另外 70 个学生都在认真听讲、积极互动，这个打瞌睡的学生的形象还是会一遍遍地在我脑海中回放。

我的父亲是一位彻头彻尾的悲观主义者,在他身上我见识到了各种情形的杞人忧天。他不看好股市,认为下一次大崩盘一触即发,所以他从不炒股。要不是因为他相信通货膨胀随时可能发生,他情愿将所有钱换成钞票藏在床垫底下。黄金的风险在他看来也很高——金价波动太厉害了。因此,他把所有的钱都用来购置有投资价值的宝石。尽管他身上唯一可以勉强被称为饰品的就是塑料袋,我们家却有满满一保险柜的钻石。

父亲对股市缺乏信心,所以不愿意把自己的血汗钱投资于股票。其实对股市多一点信心也可以。事实上,他错过了将钱投资于股市所能够获得的丰厚回报。那么,认为买彩票会中大奖的乐观与认为股票价格会上涨的乐观有什么不同吗?不同之处就在于,从长期来看,我们有理由相信股票价格会上涨,这是个预期价值为正的赌注。而相信购买彩票的预期价值为负的理由则更加充分。一般而言,你用来买彩票的钱总是比你得到的奖金要多。

适度自信是建立在推理与实证基础上的不偏不倚。在不知道是否能够中奖和在接下来的一年里股票是否会涨的情况下,你该如何做出预测呢?如何量化模糊的概率是一个重要的问题，对此，我可以给出三个答案。第一，无论是股市还是彩票，对于它们在过去相当长的一段时间里的表现，我们都拥有大量的数据。不过我们有时也会缺乏证据。当你投资的对象既不是股票也不是彩票，而是一家令人振奋的新兴产业公司，你就没有任何历史记录可以参考。

第二，依靠逻辑和推理。没有几个理智的投资人会把钱投给那些除了创意和梦想之外一无所有的创业者。明智的投资者依靠证据做判断。不要满足于毫无事实根据的、头脑不清醒的盲目乐观。为什么会认为某个产品有市场？对于如何让企业赚钱，创业者都有什么想法？那些对自己的创意非常自信的创业者中有多少最终能够成功？回答这些问题能够帮助你计算出足够准确的预期价值，指导你进行决策。

第三，认真进行预期价值计算以帮助你完善决策思路并确定评价标准。这种方法还能够帮助你处理私人问题，比如借助这种方法选择工作、大学专业或恋爱对象。在比较不同工作机会的预期价值时你都需要做什么呢？首先，你必须确定这些工作主要在哪些方面存在差异——薪资、发展空间、成就感等。然后给所有工作的这几个指标打分，并考虑各种不确定因素。假设某个工作会根据你的业绩发奖金，你就需要对自己获得这份奖金的概率进行切合实际的估计。如果你不清楚一份工作可以给你带来多少成就感，你可以对可能发生的情况进行猜测，列出几种可能，分析它们的优劣之处和发生的概率，并把所有数值加总。

诚然，预期价值计算有其局限性和缺陷，略微调整基本假设就可以影响最终结果。如果有人坚称自己的公司非常值得投资，他只需要构建一个不切实际的投入产出关系就可以了。我更愿意认为，只有在证据准确的情况下，公式和计算才是准确的。对基本预测和数据的准确性进行商讨和沟通要比讨论感受、灵感和直觉更有成效，我们可以对数字进行准确性评估并考虑如何优化数据。我想起了统计学家弗雷德里克·莫斯特勒的观点：要用统计数据骗人很容易，但如果没有统计，骗人更容易。[46]

第六章
预测

2018年10月29日,印度尼西亚狮子航空的610号航班在印度尼西亚的雅加达起飞之后约13分钟后坠毁,机上189人全部遇难。[1] 该次航班的执飞飞机是一架几乎全新的波音737 Max8客机。当天天气条件良好,飞行员也经验丰富。但突然之间,飞机就脱离了飞行员的掌控。在自动驾驶控制系统的掌控下,飞机一路下坠。在飞机起飞两分钟后,飞行员就给雅加达机场的塔台发送无线电信号请求返航。他们竭尽全力想要阻止飞机坠毁,疯了一样地搜寻各种信息来了解飞机为什么会出现这种情况。在飞机坠入爪哇海时，飞行员们还在读飞机的操作手册。

要请大家注意的第一个情况是，印度尼西亚狮子航空空难事件非常特殊。全世界每天都有数十万架次的航班飞行，空难事件非常罕见，所以空难事件一旦发生就会登上全世界各大媒体的头版。[2] 印度尼西亚狮子航空的这起空难是全球航空业一贯良好的安全记录上的一个污点。从2000年至今，平均每年有大约400人死于商业航空事故。[3] 而在此期间，有上亿人乘坐了数十亿架次航班。折算下来，每十亿千米航程的死亡人数不足0.05，还不到其他交通方式（比如公共汽车、火车、汽车或步行）造成的死亡风险的1/10。[4] 事实证明，坐在一个巨大的灌满航油的管状金属飞行器里快速穿越平流层其实比穿越街道更加安全。而商业航空之所以能保持如此惊人的安全记录，在一定程度上得益于严格的事故调查及报告系统。

在拉丁语中有一个词"postmortem"，意思是"事后，死后"。验尸官会通过postmortem了解一个人的死亡原因。不过后来，这个词的应用范围越来越广，也开始指对其他悲剧的事后分析。对所有希望避免同样悲剧的人来说，理解死亡原因非常有意义。航空业特别擅长进行事后分析并吸取教训，美国国家运输安全委员会和欧洲航空安全局的职责都是进行细致的事后调查，总结空难教训，并在此基础上改进管理系统和飞机设计，以避免未来发生类似的悲剧。

每一次事故都是了解航空系统弱点的一次机会。修复这些弱点有助于提高整个系统的安全性，减少以后发生事故的风险。航空业还设置了活跃的监管机构，负责在整个系统中推行统一的规则，这样做的目的是尽可能减少未来发生事故的风险。航空业将飞行安全当作重中之重。经常性的安全检查、完善的备用系统和严格的培训都非常昂贵，只因飞机失事的代价更加昂贵。航空业的大型企业都支持制定严格的法规，强制规定所有航空公司都要大力投资于安全建设，避免它们经不起获取短期利润的诱惑而偷工减料。

航空业不但建立了一丝不苟的事故调查系统，还建立了查找各种事故苗头并从中吸取教训的系统。在美国，航空安全报告系统由美国联邦航空管理局建立，其作用就是调查那些差点造成悲剧的情况。[5] 飞行员及其他员工都可以向该系统汇报那些险些造成事故的情况。美国联邦航空管理局会审阅这些报告，在必要时进一步提出更细致的问题，然后抽取报告中有价值的信息分发给飞行员和各条航线，美国联邦航空管理局会在其月度通讯中提示当前存在的安全问题和隐患。你可能想不通为什么会有人愿意把自己险些造成事故的消息与他人分享，原因就是美国联邦航空管理局承诺，在航空安全报告系统中报告的大部分错误、疏忽和失误都能够免受处罚。

尽管谷歌不能向员工保证他们犯下任何错误都能够被原谅，但谷歌在不遗余力地设法理清失败的原因并努力从中吸取经验教训。[6]每次失败之后，谷歌都会进行事后总结以降低同类错误发生的概率。[7]事实上，谷歌内部设有专门的事后分析表格，表格上有两个用于指导公司内部事后讨论的问题。第一个问题：本次项目中发生了什么？请明确哪些事情进展顺利，哪些事情的进展不顺利，在哪些方面可能是运气发挥了作用。第二个问题：下一次我们可以做出哪些改变？请总结经验教训，避免在将来犯同样的错误，考虑可以提高该项目成功的可能性的方法。最后，反思这次的失败说明我们本来应该怎么做才对。为了鼓舞人心，这份表格上还印了亨利·福特的名言："失败只是重新开始的一次机会，而这次你会更加明智。"

即使是最能干的企业家和最成功的企业也会失败。谷歌是全世界最大、最有钱、最成功的公司之一，然而，它的失败项目之多也令人瞠目结舌。还记得谷歌的社交网络项目 Google+ 吗？据估计，谷歌在 2019 年初下架该产品之前，一共为其投入了 5.85 亿美元。[8] 还有人记得 Google Video（谷歌视频）吗？那是谷歌用来与优兔竞争的产品。最后，谷歌选择收购优兔并悄悄关停了 Google Video。还记得智能眼镜 Google Glass 吗？[9] 这款产品一经推出就备受争议，上市不久后就停止了公开发售。

与其试图掩饰失败，不如面对它并吸取经验教训。"快失败，常失败"已经成为硅谷创业者们摆脱不掉的魔咒了。在追求成功的过程中，有太多公司以失败为耻并惩罚造成失败的团队，因此，员工们不愿轻易承认项目失败，从而导致公司无法及时止损。为了解决这个问题，许多公司想办法帮助员工学会接受失败，鼓励他们充分利用失败来更好地了解公司的产品、客户和市场。[10]

柏尚投资是历史最悠久的风险投资公司之一，它会在官方网站的醒目位置展示自己的失败，公开最糟糕的投资决定和错过的投资机会。硅谷知名风险投资人戴维·考恩为柏尚投资"负面卷宗"中最大的一次失败立下了"汗马功劳"。当时，谷歌的两位创始人谢尔盖·布林和拉里·佩奇还是在租来的车库里经营公司的毛头小伙子，而考恩拒绝了与他们会面。考恩大学时期的一个朋友恰好就是把车库租给这两个小伙子的女士。在去拜访这位朋友的时候，朋友建议考恩见见那两个想要做网络搜索的雄心勃勃的年轻研究生。"学生？新的搜索引擎？"[11]考恩不以为意地质疑道。事后，考恩非常懊恼："我怎么能不去车库看一眼就离开了那所房子呢？"公开承认这样的大失误，意味着柏尚投资实际上接受了这样一个现实：风险投资公司总要面对各种不确定性，应该允许自己的员工冒险去做最终不会成功的事情。柏尚投资正是冒着这样的风险赢得了最大的成功，其中包括对社交点评平台 Yelp、图片社交分享平台 Pinterest、职场社交平台领英和网页开发平台 Wix 的投资。

印度尼西亚狮子航空在印度尼西亚发生的空难事故还在调查进程中，又有一架波音 737 Max8 坠毁了。这次的客机是埃塞俄比亚航空公司的 302 号航班，它在从亚的斯亚贝巴博乐国际机场起飞 6 分钟之后就坠毁在一片原野之上，157 人无一人生还。在飞机坠毁之前，飞机上的自动驾驶系统掌控了飞机，系统不断调低后缘襟翼，致使机头持续向下俯冲，飞行员们尝试一切办法想要夺回控制权，但没能成功。埃塞俄比亚空难与印度尼西亚狮子航空空难之间的相似性毋庸置疑。两起空难事故的调查结果都将事故原因指向了飞机的软件系统，具体说来，就是操作系统内集成的机动特性增强系统。调低飞机的尾翼以降低机头的重要目的是防止飞机因飞行仰角过高造成"失速"。飞机的制造商波音公司原本希望机动特性增强系统在后台默默发挥作用，从来没有考虑过有必要向飞行员解释这个系统。

在埃塞俄比亚空难之后，全世界的航空公司都停飞了新购置的波音737Max系列客机，并提出了许多尖锐的问题，质疑波音是否进行了足够充分的安全测试。波音首席执行官丹尼斯·米伦伯格曾大肆吹嘘公司将新型737系列客机推向市场的速度。[12] 投资者们也对波音的这一举措大加褒奖——波音在与其欧洲竞争对手空中客车的竞争中一直相持不下，新型客机发布之后，在不到一年的时间内，投资者们的热情便将波音的股票价格推高了40%。但速度是有代价的，波音在向美国联邦航空管理局提交的737 Max系列新机型安全性评估报告中包含一些关键性的错误，其中包括低估了机动特性增强系统的威力。[13]

在埃塞俄比亚空难事故之后，波音的股价暴跌11%。公众和各航空公司都要求波音调查事故原因并采取措施排除隐患。通过事后分析，波音最后认定，导致事故的主要原因就是机动特性增强系统，公司承诺会对软件进行更新以解决这个问题。与此同时，造价昂贵的崭新的波音737 Max系列客机都被闲置了，波音必须为此赔偿客户的损失。购买新型737 Max系列客机的订单也没了。[14]截至2020年底，美国等国才批准737 Max系列客机复飞。据估计，波音的亏损总额达到80亿美元。[15]

事前检验分析法

比起理解已经发生的悲剧，更理想的情况是发现悲剧的苗头并及时避免悲剧的发生。决策专家加里·克莱因曾经提出过"事前检验分析法"的概念，也就是说，要主动设想某个项目一败涂地的情况。[16]克莱因建议做计划的人写下他们能够想到的每一条可能的失败原因——"特别是那些通常出于策略性考虑不会被当作潜在问题提出来的东西"。[17]克莱因谈到了为某个十亿美元级别的环境可持续发展项目进行的事前检验分析。讨论中，一位高管提出了一个没人敢提的问题：这个项目之所以走到这一步，是因为得到了首席执行官的热情支持，如果这位年事已高的首席执行官在项目完成之前就退休的话，项目就有可能失败。

你可能会认为这种事前检验分析与积极乐观的企业文

化格格不入。许多公司都推崇"我们能行"的心态，激励员工们竭尽所能地帮助公司掌握主动，获得成功。毫无疑问，鼓舞员工士气非常重要。没有任何一个管理者会希望自己麾下的团队成员全是毫无骨气的懦夫，无论领导提出什么想法都只会说好，就算这些想法愚不可及、不周全也不敢大胆谏言。如果将哈雷彗星变成适合人类居住的星球并在上面定居的计划从一开始就注定会失败，那么最好从一开始就不要开展这个项目。

有时候我们需要审慎的考量，而有些时候我们则需要坚决落实。一家公司在进行战略规划的时候，必须要考虑各种批评意见、可能会发生的问题，以及有可能导致失败的因素。充分考虑过这些风险后再制订计划，计划成功的概率会更大，因为这能让计划在面临失败时的适应性更强。在战略规划的阶段要深思熟虑，批判性的视角非常重要，它可以帮助我们预见各种可能发生的问题并制订计划，以避免问题发生。一旦战略方向确立，更重要的就是动员所有人朝着同一个方向前进。这时候，最有用的就是"我们能行"的心态，每个人都为了实现同一个规划周详的、具备极强的抗失败特性的战略不懈努力。借用二战期间著名将领乔治·巴顿的说法："在做出重要的战役决定之前，你应该问问自己的恐惧之心。这个时候你应该倾听自己能够想象到的每一种恐惧的声音。一旦你了解了所有的事实和恐惧并做出决策之后，就忘记你的恐惧，勇往直前吧！"[18]

丹尼尔·卡尼曼认为，事前检验分析可以有效防止我们对决策结果的盲目自信和过分乐观。[19]根据他的描述，事前检验分析就像是让人们想象自己已经到了一年之后。他让人们想象，此时"我们已经实施了现在的计划，结果造成了一场灾难，请花5~10分钟的时间来描述这场灾难"。这其实是让你思考失败的可能性并思考如何防止这种失败。有时候，事前检验分析能够帮助你提前发现计划中存在的风险或缺陷，以便你能够在未来避开它们所带来的伤害。比如说，你完全可以事先采取措施来遏止已经预见的风险。

布雷特·布朗曾任费城76人队的教练，他就用事前检验分析的方式来帮助76人队找到了篮球场上的弱点。他问自己："如果我们输了，我们会是怎么输的呢？很可能是投篮命中率不高，再加上总是传丢球。"[20]他用这个问题问了球队的所有队员，这能帮他们认清球队在场上的弱点并想出少犯错的策略。进行事前检验分析特别有效，因为我们总是会本能地从积极的角度思考自己渴望的成功，而事前检验分析能够有效抑制这种本能。

灾难准备

预见灾难以避免灾难发生是一种广为人知的心理学策略。精神分析师朱莉·诺勒姆称之为"防御性悲观主义"。[21] 防御性悲观主义关注失败的风险并鼓励自己规避这些风险。我猜想我班级里最优秀的学生中有许多人就是防御性悲观主义者。在每次考试之前,他们都会身临其境般地想象出考试失利的情景。他们想象了因为辜负师长和自己而感受到的罪恶感。这种恐惧促使他们更努力学习,因此也增加了他们最终考出好成绩的概率。

通常,最勤奋的人都会受到自己想象中的可能产生的负罪感的激励。[22] 他们挺身而出,主动收拾残局,因为他们担心如果不这么做的话,自己会感觉更加糟糕。防御性悲观主义是一种个人层面的事前检验分析,本着防御性悲观主义的态度未雨绸缪,个体能够对可以预见的不幸形成预防机制。团队和组织也可以利用类似的策略,召开计划准备会议,明确考虑并提出项目失败的可能性。在会议中,可以提出克莱因和卡尼曼推荐的那些问题:"导致我们失败的最可能的原因是什么?""我们能够采取哪些措施来应对这些风险并提高决策的预期价值?"无论是个人还是集体,深入具体地想象项目失败的可能性，对于找出避免失败的方法都大有裨益。

查理·芒格是沃伦·巴菲特毕生合作的商业伙伴。在描述自己的投资战略时，他提到了考虑对立面和灾难防范的价值："反转，永远要学会反转：把一种局面或者问题倒过来看，看看它的背面是什么。如果我们所有的计划都错了会怎么样？我们不想让事态向哪个方向发展？事情为什么会发展成那个样子？与其只考虑如何成功，不如列出所有可能导致失败的因素——懒惰、憎恨、自艾自怜、自以为是，以及其他那些通向自我挫败的心理习性。避开这些心态你就能够成功。告诉我我会死在哪里，这样我才能避开那里。"[23]

跟事前检验分析一样，减灾组织也鼓励机构和组织预测天灾和人祸，并做出相应的预案。伊恩·米特洛夫是现代危机管理体系的开创人之一。他原本学习的是工程学专业，却成为一名企业危机管理专家。[24] 米特洛夫警告说，妨碍我们做好灾难防范的最大障碍就是主观臆断。人们不愿意进行灾难防范的主要原因就是他们抱有"这不可能发生在我们身上"的盲目乐观。米特洛夫的研究是在组织社会学家查尔斯·佩罗的研究工作的基础上进行的。佩罗主要研究的是现代技术条件下的生活风险。[25]核电站、飞机及人工智能极大增强了人类的影响力。我们制造工具的天赋成就了诸多伟业,然而,一旦出现问题,这样的力量也放大了我们面临的风险。

许多企业和政府都听取了米特洛夫的建议。它们通过灾难演习来测试自己的系统在面临威胁时的适应性。我所居住的美国加利福尼亚州伯克利市处于地震多发带,因此,该城加入了名为"The Great California Shake Out"的地震模拟演练。在此项目框架内,有数百万人针对发生大地震时应该怎么做进行了练习。脸谱网专门建立了一个名为"Project Storm"的团队,其职责就是制订计划,应对在全世界范围内可能导致公司计算机失灵的自然灾害。他们曾经以演习的方式模拟了暴风雨导致脸谱网数据中心关闭的应对行动,并借此测试了公司系统的适应性。[26]

在此,我想要感谢那些预测灾害并努力帮助人们避开灾害的无名英雄们。正是因为他们的默默奉献,我们才能够继续无忧无虑地生活,完全没有意识到他们为我们做了多少。这些人包括航班安全员、反恐人员、环保法规执法人员等。在这些人当中,最了不起的就是苏联潜艇官员瓦西里·阿尔希波夫。1962年10月,古巴导弹危机愈演愈烈,一支由四艘潜艇组成的潜艇编队在加勒比海古巴附近海域执行秘密任务，当时，阿尔希波夫是其中一艘潜艇的副艇长兼整个编队的参谋长。编队中的全体官兵得到授权，如果苏联受到攻击或者潜艇受到攻击，他们就可以发射核武器。潜艇不断靠近美国对古巴的封锁线，它潜入深海，以防被发现。不幸的是，一艘美国驱逐舰群发现了这艘潜艇并不断向它投掷深水炸弹，想要让它上浮投降。

官兵们越来越害怕，战争似乎一触即发。在深海中，潜艇的无线电通信已经被切断。根据命令，在接下来的几天里潜艇还是不能浮出水面。舱内的情况越来越严峻了，空气越来越污浊，温度越来越高，官兵们开始在执勤的时候晕倒。潜艇内某些部分的温度已经超过48.9摄氏度。在孤立无援且受到威胁的情况下，潜艇上的官兵很容易就会认为自己在海底所面临的一切就是海面上紧张局势的体现，艇长觉得现在是时候发射核武器了，同在潜艇上的政委也同意了。但是阿尔希波夫不同意发射核武器，他担心发射核武器会导致核冲突的爆发。阿尔希波夫坚持，除非得到来自莫斯科的命令，否则就不能发射核武器。此时此刻，他已经将自己的前途和生命都置之度外了。

最终，潜艇选择浮出水面，同苏联指挥部建立了无线电联系,并摆脱了美国驱逐舰的纠缠。多年后再回忆起那个时刻,曾是美国总统约翰·肯尼迪亲密顾问的作家小阿瑟·施莱辛格说:"这不但是冷战时期最危险的时刻,也是人类历史上最危险的时刻。"[27]很多人都高度赞扬阿尔希波夫的英勇行为,认为他以一己之力避免了一场核灾难。但他还是受到了上司的批评,因为潜艇浮出了水面,违反了秘密行动的命令。[28]一位苏联海军将官对他说:"你和你的潜艇一起沉没也比这样好。"阿尔希波夫本人对发生的一切讳莫如深。他的遗孀说:"他不喜欢谈论这件事。"[29]这个拯救世界的人于1998年默默无闻地去世,享年72岁。

那些设法避免了灾难的人可能永远都会是无名英雄,他们的成功就在于没有让大事发生。我们这些能够继续过着幸福生活的人,对那些在灾难发生之前就拦下它们的守护天使的作为一无所知。反恐行动就是这样的,自2001年9月11日的恐怖袭击事件之后,再也没有发生过同等规模的恐怖袭击。可以确信的是,这并不是因为恐怖分子偃旗息鼓了,我们应该感谢全世界范围内的反恐部队。有多少次恐怖袭击被他们挫败?有多少场灾难被他们扼杀在萌芽中?我们也许永远也得不到这两个问题的答案。参与这些行动的反恐精英不能吹嘘自己的成功,因为一旦他们对这些事迹大肆宣扬，就会影响他们未来再利用线人、技巧或者技术的能力。他们的事迹只能作为秘密被封存。

回溯预测

前面我们重点阐述了用事后分析和事前检验分析来规避灾难的方法，不过，我们同样应该要思考该如何将成功的可能性最大化。1982年，约翰·鲁宾逊创造了"回溯预测"这个词，用来描述一种从希望得到的结果开始向前推演出过程的分析方法。鲁宾逊是加拿大多伦多环境学院的教授，他的研究方向是能源消耗问题，他想象出了一个用可再生资源来满足人类所有能量所需、完全杜绝化石能源消耗的世界。鲁宾逊试图从这个目标开始向前推演，看看要实现自己想象出的这种状态，需要满足哪些条件，做什么样的建设，采取什么行动。

回溯预测与预测的不同之处在于，预测致力于推演出最有可能成为现实的未来，而回溯预测则试图找出一条通向我们希望出现的未来的道路，即便这并非最有可能的道路。[30]我们想要取得什么样的成功？该如何取得这样的成功？回溯预测的风险在于，有时候它会变成一厢情愿、脱离现实的纯幻想。在设想所有可能出问题的方式，了解事情发展如何偏离我们希望的方向、背离我们想要的结果时，回溯预测能够发挥最大的效用。从这种意义上来看，回溯预测与预测失败原因的事前检验分析是互补的。

回溯预测能够帮助你考察成功的概率。如果你已经进行过完善的事前检验分析，你可能已经估计出了失败的概率。显然，失败的概率和成功的概率相加应该刚好等于100%。这是一个有效检验计算结果的方法。为了做到这一点，你必须想出明确的成败衡量方法。有时候，成功的标准是很清楚的。比如说，SpaceX在多次发射失败之后才成功发射了一枚将有效荷载送入地球轨道的火箭。对于任何一次发射，成功的概率和失败的概率加起来都是100%。如果你曾经做过这样的计算，而你得到的数值之和不是100%，那么，你也许应该回过头去修正你的计算。

当成功不能以简单的二分法来定义，必须以程度来衡量时，计算就变得更加复杂了。在发布新产品的时候，到底多高的销售额才能算是成功呢？任何一个具体的数字在这里都显得有些武断，在这种情况下，概率分布法是更合理的预测方法——设置几个标志性节点，预测销售额达到各个节点的可能性。比如说销量达到1 000台的概率是多少？销量达到 2 000 台的概率是多少？销量达到 3 000 台的概率又是多少？这样分析过之后可以制作出一张表，具体方法请参考第三章。为了充分探索成功和不成功的结果，更有效的方法是让不同的团队去做事前检验分析和回溯预测，各团队独立制作一份概率分布图。他们做出的概率分布图应该是不完全相同的。然后，再让各个小组沟通并调和不同的预测，这样就可能会得到更加有用而准确的见解。

进行回溯预测的团队有可能更喜欢畅想美好的前景和成功的结果。想象成功的可能性会让人很愉快，但千万不要让你的美好愿景成为妄想。我们倾向于高估自己的成功概率的原因有很多，跟人们更喜欢乐观的原因是一样的。

乐观主义的即时好处及延迟代价

在第四章中我们介绍了阿莫尔、马西和萨基特的研究。[31] 在研究中，他们让志愿者自行选择是要形成乐观的信念还是准确的信念。选择乐观信念的志愿者与选择准确信念的志愿者数量之比接近 2∶1。在要求他们解释自己这样选的理由时，人们最青睐的理由主要有以下两个：第一，乐观的信念能带来良好的自我感觉；第二，乐观的信念会带来好的结果。我想逐个分析这两种理由，因为这两种理由都是正误参半的，从短期来看它们是正确的。保持乐观的好处立竿见影，可是乐观导致的问题却出现得比较晚。因此，选择乐观主义就相当于将自己的短期利益与长期利益对立起来。

选择乐观的第一个理由是它能带来良好的自我感觉。这无疑是真的，至少在短期内是这样。这让我想起一幅漫画，画上有两家互相竞争的店铺，它们提供不同的服务，一家店铺提供的是"令人不快的真相"，而另外一家店铺提供的是"慰藉人心的谎言"。[32] 提供慰藉人心的谎言的店铺门口，热情的顾客排起了长队，而提供令人不快的真相的店铺门可罗雀，店铺主人因受冷落而感到沮丧。慰藉人心的谎言承诺你可以获得光明的前途，你什么都能做到，你想要什么就能得到什么。《秘密》那本书能卖出3 000万册的主要原因就是它承诺一厢情愿的主观愿望能够变成现实。[33]

对前途的乐观信念可以让你品尝到期待的愉悦，然而这是有风险的。预期越是乐观，你体会到失望的概率就越高。一旦结果不尽如人意，盲目乐观的态度只会让现实更加令人难以接受。[34] 认为你会成为皇帝的乐观信念很可能会落空。而且，因为人们对失去之痛的感受远比对得到之乐的感受更加强烈，[35]所以过分乐观的信念最后会让人们感觉更糟。[36]

避免失望的方式之一就是在真相即将揭晓时策略性地降低你的期待值，大学生们在预测考试成绩时好像就经常这么干。如果你在不同阶段问他们对期末考试的表现怎么看，就会发现，比起坐在考场上的时候，他们在新学期刚开始时会更加乐观。[37]公司在营收预测中也会玩同样的把戏，一家公司对5年或者10年之后的营收预测总是非常乐观，而对于季度营收预测总是比较谨慎。随着揭露真相的时刻渐渐逼近，公司会下调预期，这样在公布实际数字的时候，分析人士就不会对公司太失望。[38]即使你对这种操控期待值的策略中蕴含的虚伪感到满意，这种把戏的作用也就仅限于你还能够骗过自己或者投资者的时候。

显然，在这个天平上，期待和回忆的时长是此消彼长的。如果某个事件马上就会发生，而且我余生摆脱不了对这件事的回忆，那么乐观就是不明智的。我只能短暂地享受期待的美好，随后却要用一辈子体味自己的愿望未能实现的遗憾。反之，如果某件事会在遥远的未来发生，用一生去憧憬美好就有可能使天平偏向乐观的态度。[39]相信天堂的存在就是最好的例子：你用一生的时间去憧憬天堂，就算你发现自己的信念是虚妄的又有什么关系呢？那时候你已经死了。尽管如此，我们当中还是有很多人放弃了对天堂的向往。大部分无神论者都承认，他们对死亡的认识远不如相信永恒天堂的存在、相信自己死后能够听着悠扬的竖琴曲在云端休憩那样诱人。但他们还是不愿意蕉鹿自欺，不愿意相信那些跟他们笃信的其他所有事情都格格不入的东西。

如果你决定了要听慰藉人心的谎言，那你就面临着该如何欺骗自己的恼人问题了。[40] 该让你大脑的哪一部分去欺骗哪一部分呢？当然，彻底的自我欺骗效果最好，但你该如何在维持乐观伪装的同时阻止自己发现真相呢？接下来还有一个问题就是，你该欺骗自己到何种程度呢？10%？20%？你与现实之间的距离越远，虚幻的信念给你带来真正麻烦的风险就越高。

如果你反对保持乐观需要自欺欺人的观点，那么你可能会认同乐观的人给出的第二条理由：乐观的信念会带来好的结果。正如我在第四章中指出的那样，有很多证据能够证明自信与成功密不可分。在我们身边有大量的例子能证明自信与成功关系紧密。更自信的运动员会赢得比赛，更自信的政治人物会当选，更自信的商人会成功。当我们拥有自信的时候，做什么都轻而易举。这样的感觉让我们很难分清谁先谁后——到底是自信帮助你成功，还是你的自信和成功都源于你的技巧、努力和能力呢？

海伦·凯勒相信乐观是能够让信念变成现实的："我要求世界变得美好，然后，看啊，它遵从了我的要求。我宣布世界是美好的，然后，各种事实就自动排列组合来证明我的宣言是完全正确的。"[41] 我必须承认，有时候积极的期待与消极的期待相比确实能够带来更好的结果。如果你期待的是友谊而不是背叛，你会交到更多的朋友。

根据《韦氏词典》的定义，保持乐观就是期待最好的结果的倾向。[42] 这个定义非常有问题，它的表述模糊不清，更糟的是，它没能将信念与现实联系起来。根据这个定义，即便我不够自信，也能被认为是乐观的。比如说，我相信自己明天还活着的概率有95%。但事实上，我看到明天的太阳的概率大于99%。反过来，如果我相信自己买彩票中大奖的概率是5%，那么根据《韦氏词典》的定义，我是悲观的。而事实上，我还是太自信了，因为5%比实际的概率高100万倍。

也许下面这个定义更清楚明了：太自信的乐观主义就

是对某个理想结果实现的概率估计过高的信念。根据这个定义，所谓乐观能够让信念变成现实的说法就不攻自破了。如果是自信让我跳过了裂隙或者赢得了赛跑，那么我的信念就不是太自信的而是准确的。如果信念真的可以影响结果，那么，我就可以热情地拥抱这种赋予我力量的信念。假如我可以在成功与失败之间选择，那么我随时都会选择成功。但能够帮助你走向成功的信念不是盲目自信的，而是准确的、明智的。

这意味着自信并非多多益善。事实上，在那些表现好坏与努力程度息息相关的事情上，自信是带有自我否定倾向的预言。在此，我们可以回顾一下第一章中杰弗里·范库佛的研究。那些最相信自己能赢的政治候选人往往会因为这份信心而觉得自己不需要去拉选票，这样一来，他们获胜的概率反而降低了。2016年10月，美国大部分民意调查机构认为希拉里·克林顿赢得美国总统大选的概率比唐纳德·特朗普要高。预测人纳特·西尔弗在选举之前甚至因认为唐纳德·特朗普获胜的概率有30%而遭到耻笑。[43] 由于感觉自己胜券在握，在选举前的几周，希拉里修改了自己的竞选活动计划。她把注意力从她认为自己胜券在握的威斯康星州、密歇根州和宾夕法尼亚州转到了亚利桑那州和北卡罗来纳州,希望能够将选举人团领先优势转化为绝对优势,对特朗普粗俗的、分裂民心的竞选活动进行有效的正面狙击。结果,希拉里不但没能赢下亚利桑那州和北卡罗来纳州,还以微弱的差距输掉了威斯康星州、密歇根州和宾夕法尼亚州。[44]

太自信也会对国家经济产生深远的影响。各国中央银行会基于对经济未来发展趋势的预测提出政策建议。[45] 如果预测到经济繁荣,它们就可能会提高利率以避免经济过热、抑制通货膨胀。反之,如果预测经济会出现衰退,它们就可能降低利率、增加财政支出,以刺激经济。对经济形势的预测过于乐观会导致政策产生偏差,如果政策制定者太乐观,认为经济形势一片大好,就会觉得不需要对经济进行刺激,这实际上会增加出现经济衰退的风险。

在大家耳熟能详的寓言故事《龟兔赛跑》中,兔子非常确信自己比乌龟跑得快,认为自己一定能胜过乌龟。所以它停了下来,放松自己,去逛街,做按摩,到自己最喜欢的酒吧去喝了一杯,还小睡了一会儿,就在这时,乌龟已经超过了它。在表现好坏与努力程度相关性较大的情况下,对自己太有信心可能成为产生自我否定效应的预言。对一家公司而言,情况也是如此。成功会催生出惰性,致使公司错过开拓未来的机遇。成功的公司经常被反应更迅速的、规模更小的竞争对手打得措手不及。不信可以看看柯达是如何丢掉相片业务的，西尔斯百货是如何在邮购服装领域落败的，摩托罗拉是如何丢掉手机行业领军地位的，以及通用汽车是怎样在与其他公司的对阵中节节败退、让出市场份额的。

除了丢掉成功的机会之外，太自信还能让我们更难接受失败。比如说，尽管希望渺茫，晚期癌症患者[46]还是希望自己能够痊愈。[47]《纽约时报》有个专栏名为"乐观的癌症患者"，专门报道人们为不切实际的乐观信念付出代价的故事。那些希望被治好的病人经常会报名接受昂贵而又极其难受的实验治疗，比如接受根本没有治疗效果的化疗。这是个严重的问题，因为美国的医疗保健费用中有一半都是绝症患者在生命的最后几个月里花出去的。[48]很多人在生命的最后一段时光接受了各种昂贵的治疗，这些治疗加剧了他们的痛苦，却对他们的病症没有任何效果。

盲目自信确实有一个好处：它可以让你免于人人都会犯的一个错误——一厢情愿。[49]决心要就未来的情况欺骗自己只会让你随时面临失望，不断自我欺骗又不断失望的恶性循环是很难维持下去的，因为经验能帮助我们纠正错误的信念,而保持错误的自信的关键是从不吸取经验教训。这种行为不仅是非理性的,而且是非常危险的,几乎就是爱因斯坦对疯狂的定义:"不断重复同样的事情,却希望得到不一样的结果。"[50]

计划谬误

美国加利福尼亚州高速铁路管理局成立于1996年,其任务是在该州最大的两座城市之间建设铁路。一旦建成,从洛杉矶到旧金山711千米的路程只需要两小时,其便利性可以媲美飞机。美国加利福尼亚州高速铁路管理局于2000年公布初步计划,预计该项目总耗资250亿美元,将于2016年建成。[51]

美国现有的铁路体系可谓一塌糊涂,这个项目原本要被打造成代表美国铁路体系巨大进步的光辉榜样。在美国,铁路客运量仅占全美客运里程的1%,出现这种局面的原因是,客运列车班次稀少,而且晚点的情况非常普遍。因为火车必须在轨道上行驶,而这些轨道的所有权属于货运企业,客运列车必须给货运列车让路。[52]即便解决了轨道使用权的问题,大部分铁路网络内运行的客运列车的最大时速也只有每小时129千米，在许多地方甚至还远不到这个速度。[53]仅中国一个国家的高速铁路的长度就是美国的40多倍。

随着加利福尼亚铁路项目的推进，对其造价和施工时长的预期也不断提高。2018年，该项目进行重新规划，缩减规模之后的项目总投资额仍将达到773亿美元，且工期要延长至2033年。此外，该计划放弃了建造一条高速列车专用轨道的梦想，退而求其次，要和其他列车共享轨道。2019年5月，美国加利福尼亚州州长加文·纽瑟姆公开宣布放弃用铁路连接旧金山和洛杉矶的目标。美国加利福尼亚州高速铁路管理局现在只打算完成默塞德与贝克斯菲尔德之间的275千米长的铁路，工程造价为20亿美元。[54]

美国加利福尼亚州的高速铁路项目并不是第一个未能按照原计划完成的大型项目。波士顿的"大挖掘"项目也是如此。[55]该项目计划将原本的高速中心干道93号州际公路改成地下隧道。1991年开工时，该项目的预算是28亿美元，计划于1998年完工。事实上，项目竣工时间整整拖后了9年，超支约200亿美元。延期且超支完成的著名项目还有悉尼歌剧院和连接英国与法国的英吉利海峡隧道。

这种现象被丹尼尔·卡尼曼和阿莫斯·特沃斯基称为

"计划谬误"。[56]1977年，他们对该现象背后的心理机制进行了研究。他们注意到，机构和个人都经常会低估自己完成一项工作所需要的时间。我会在开学第一节课上利用一个练习来演示什么是计划谬误。我要求学生们分组来用乐高积木拼装一个模型，每组有15分钟的时间共同制订任务计划，并预测小组需要多长时间才能拼成这个模型。15分钟后，各个小组都提交了他们的预测。我会奖励准确的预测，惩罚太自信的预测。各小组预计的完成模型拼装的耗时平均为8分钟左右。

计时开始之后，学生们争先恐后地冲到教室前面研究模型，你推我搡地争夺视野最好的位置。因为不允许拍照，所以他们必须尽力记录下自己看到的一切，然后迅速跑回小组操作位置尽全力复原他们看到的样品。这些学生很快就发现他们本应该做个更完善的计划，这个任务看似简单，但实际上，仅凭抽象思维来考虑这个任务是很难的。手拿笔记本站在模型前，努力从所有角度观察模型很困难；绘制有指导意义的示意图不容易；将模型的胳膊、腿、躯干拼接在一起也比预想的要麻烦。事实上，大部分小组都花费了15~20分钟完成这项任务，有些小组甚至花了30多分钟。因为我规定了要惩罚太自信的预测，所以在这个练习中所有的小组都丢了分。这是个惨痛的教训，因为这个分数与他们的平时成绩挂钩。

在乐高模型拼装练习开始时，我把那个模型举起来给学生们看，让他们了解将要拼装的是什么，这时候大部分学生想的都是："拼装乐高有什么难的？"在这个阶段，他们仅凭抽象思维想象这个项目，很多学生都没有预见到潜在的问题，比如会有很多人挤在一起观察模型。与其他开发或者建设项目一样，这个项目可能出问题的地方非常多。有人认为，即便你能够预见这些问题，这些问题实际发生的可能性也非常小。然而，虽然每一种问题出现的可能性很小，但把所有问题发生的可能性相加，出现问题的概率就非常高了。

计划谬误可能给个人造成非常严重的损失。每个人都可能遇到生活中的麻烦多到应接不暇的时候。当我做出的承诺超出了自己可承担限度时，我就会深陷泥潭。我会变得焦虑不安，因为知道自己肯定会让某个信赖我的人失望。我没有时间来兑现所有承诺，因此必须要舍弃一些东西——我匆匆忙忙地把工作做完，清楚地知道自己漏掉了一些东西或者搞错了一些东西。我面临选择的困境：要么辜负我的合作伙伴，要么辜负我的学生，要么辜负我的家人。我早起晚睡，努力赶进度。缺乏睡眠让我的情绪变得更糟，让我感觉压力更大，我的免疫力也随之降低。然后，我生病了，这下进度更慢了。在这样一个令人绝望的困境中，我不禁思考，本来应该怎样来避免这种一团糟的局面出现呢？我该如何避免再次延误？

如果不想延误，请用枚举法[57]

大部分人之所以会陷入超量承诺的困境，是因为低估了完成任务所需要的时间。就好像我那些看着乐高模型时想"拼装乐高有什么难的"的学生一样，我们都有可能在思考问题时浮于表面，仅凭抽象思维来思考问题。那些对拼装乐高模型所需的时间做出了更准确估计的学生，是那些事先考虑了各种困难的人，他们对不同组件的拼装进行了细致的计划，并充分考虑了可能出现的问题和困难。会在什么时候遇到障碍？什么时候会出现协调不好的情况？计划越是面面俱到，你就越不可能低估总耗时。

比如说，当我的老板找到我，问我是否能够在某个委员会任职时，我就必须全面考虑接受这个职务可能需要做的各种工作，还有最后撰写报告需要花费的时间。我不但要考虑在各项工作进展都非常顺利的情况下需要花费多少时间，还要考虑各种可能出现的问题，才能够尽可能准确地预测完成任务的所需时间。有些问题发生的概率不高，比如说委员会主席被闪电击中这种事情。不过，另外一些问题则是几乎一定会发生的，比如说委员会成员在撰写报告时精力不够集中，在撰写报告的同时还频繁查看推特消息等。

项目规模越大，构成项目的部分越多，需要花费的时间就越长，我们就越可能出现低估该项目的总工期的情况。项目计划书纸上谈兵、内容空洞，仅仅包含抽象的规划是常有的事情。你可能会只考虑项目主体部分并凭空想象完成这些部分需要花费的时间。要想让预估时间更准确，你必须沉下心来考虑各种细枝末节，并尽量在想象中具体化所有细节，考虑它们可能会怎么出错。比起耗时长且复杂困难的项目，人们不太可能低估耗时短的简单项目所需的时间。[58]当老板请你考虑负责一个新的项目时，准确估计工期符合你的切身利益。在决定接手某个新项目之前，你是否应该先缓一缓，认真思考这个你即将承诺负责的项目到底是怎么回事？你是否考虑过自己需要多长时间来完成这项任务？如果你接受了这项任务，会导致你无法完成哪些别的任务呢？

有时候，在实际操作中，人们会因为奖励机制而被动选择盲目自信。你可能注意过招标和预算过程中不合理的奖励机制，如果某个铁路建设项目的竞标方认为降低报价能够增加中标的概率，竞标方可能会故意压低报价。这显然是个非常危险的策略，因为这意味着承包商只要履约就会赔钱。要想靠这样的策略赚钱，就必须得怀着不诚信的欺骗性意图，在后期以项目为质，要挟甲方追加投资。这通常会引发违约指控和相关诉讼，不但会给双方造成更多损失，还会延误工期，更会破坏你在业内的信誉，导致你成为不可信赖的合作伙伴。

另外一个选择就是准确评估成本和项目完工之前可能导致延误的各种问题。你可能觉得恪守诚信是冒险，因为竞争对手会提交激进的报价。不过，我可以向你担保，你不必有这样的担心，我有个小秘密想跟你分享：在这样的招标过程中，甲方极少会选择出价最低的一方。[59] 为什么不呢？精明的甲方发现，只有经验不足或者不够诚信的乙方才会不顾自己的能力和利益，承诺以更低的价格、更少的时间来完成项目，乙方可能寄希望于后期以胁迫的方式让甲方做出让步。甲方通常会青睐有足够能力且经验丰富的乙方，当然，如果能够利用低价竞标来迫使其青睐的乙方在价格上做出让步，甲方也是非常乐意的。

如果你已经在准备投标的阶段做足了功课，你就可以用详细的项目构成分析、各项成本和工期等资料来支撑你的报价。换言之，你可以向甲方详细解释自己报价的依据和过程，来帮助他了解你报价的合理性。如果你的思考符合实际，那项目的每个构成部分都会有一个可能的完成时间范围，而具体的完成时间取决于项目的进展情况。比如说，你正在进行厨房改造，却在把墙砸掉之后发现了成群的白蚁，这就意味着你还要进行许多额外的工作。如果用概率分布法来进行工期估算，准确性会更高——你可以注明在不同情况下可能需要的工期。（可以参考第三章中关于概率分布的分析和应用。）

改造项目的工期不同意味着造价也不同。乙方管理造价的基本方式有两种。第一种是以固定价格报价，在这种情况下，乙方需要承担超支风险。如果许多计划外支出的出现导致总成本超出双方约定的价格，那么乙方在这个项目上就要赔钱。而如果乙方能够以低于预期的成本完成项目，乙方的利润就变高了。第二种方式则是根据工期和原材料进行报价，工程总价格根据工期长短和原材料的成本来确定。典型的做法是，甲乙双方先就各项成本的计算方法达成一致。固定价格的报价形式更常见，因为这种形式不需要甲方多么信任乙方财务系统。但如果乙方希望规避风险，甲方也愿意共担风险且对乙方比较信任，可以考虑工期和原材料定价法。[60]

如果你的任务是在不同报价之间做出选择，你就有必要考虑计划谬误对报价的影响。选择报价最低的乙方来为你盖楼房、升级网站或者改造厨房可能会令你面临巨大风险，因为你很可能选择了那个太自信的出价者，在履行约定的时候，他最有可能超支或者延误工期。

在我家改造厨房的时候，针对乙方的报价和工期预估，我提出了许多很直接的问题。我们选中的乙方并不是报价最低的，但他们有着极佳的过往业绩，而且很好地回答了我的问题。当我问到他们承包的其他厨房改造项目是否能够如期完工时，项目负责人给了我具体的数据。当我问到我的厨房改造需要多长时间时，他们说需要3周。3周？我很惊讶。我有些朋友的厨房改造本来预计要花6个月的时间，但是9个月之后还是得在餐厅里用电磁炉做饭、在卫生间的水槽里刷碗。我告诉项目负责人，我很高兴听到他们能够在3周之内完工，我希望把这一条款写入我们的合同当中。如果他们能够用少于3周的时间完工，我会支付额外的奖金。当然，如果他们逾期未完工，每超期一天他们就得支付相应的罚金。罚金金额根据无法使用厨房的不便会给我们造成的损失来折算。结果呢？我选的乙方用两周多一点的时间就完成了厨房改造，在确认工程质量符合要求之后，我很爽快地支付了之前约定的奖金。

第七章

试着考虑其他人的观点

1982年11月,瑞·达利欧认为美国经济正在走向危机。他在电视节目中预言大萧条即将到来:"软着陆将不会发生。我可以绝对肯定地这么说,因为我知道市场是怎样运作的。"[1]他的投资策略也说明他对此说法很有把握。他刚刚成立的对冲基金公司桥水开始买入黄金。[2]他预测黄金能够保值,尤其是在股票市场不景气和通货膨胀共存的情况下。然而,事与愿违,用他的话来说,"美国经济经历了一段史上最繁荣的无通胀增长时期"。股票价格上涨,金价下跌,达利欧备受打击:"犯下如此大的错误,尤其是在众目睽睽之下，是极具羞辱性的，也让我几乎失去了我在桥水创造的一切。我发现之前的我是一个自以为是的笨蛋，顽固地坚信一个大错特错的观点。"

桥水亏了很多钱，连员工工资都支付不起了。达利欧只好遣散所有员工，仅剩他自己。他卖掉了汽车，还向父母借了债，差一点儿就放弃创业去银行上班了。不过，他努力从自己的失败中吸取教训，希望在未来能够做得更好。他确实做到了。达利欧认为，幸亏在1982年得到了这么大的一个教训，自己在后来才能够取得那么大的成就。"回头来看，我的一败涂地是在我身上发生过的最好的事情之一。"他在《原则》一书中这样写道。因为这次教训，他放弃了对感觉的依赖，转而寻求批判性的思考，他不断问自己："我怎么知道自己是对的？"他不再只是寻找肯定自己观点的证据，而是积极地去找其他持有不同观点的独立思考者。"通过以一种经过深思熟虑的辩论方式与他们交流，我就能理解他们的推理，并让他们对我的推理进行压力测试。我们都可以通过这种方式，降低自己犯错的可能性。"

他在桥水建立了这样的企业文化：努力"接受现实并应对它"。他强调追求真相的过程必须透明化。他的最终目的是建立一种精英思维的模式，让有着最佳证据支持的、最优秀的想法脱颖而出。从最低级别的实习生开始，每个人都被鼓励运用逻辑和证据来挑战他人的观点。为了鼓励公开沟通交流和透明化，桥水的大部分会议都会被录下来并向公司内部所有人开放。桥水的许多员工都认为公司的成功要归功于这种独特的企业文化。达利欧创办的这家公司进行了许多非常成功的投资决策，并取得了巨额回报。今天，按照各种标准来衡量，桥水都称得上是全世界最成功的对冲基金，其管理的基金规模达1 600亿美元。

达利欧在桥水的这些做法都是相关研究中推荐的有助于抑制人们太相信自己的判断的措施。如果你从来都没有遇到过不同意见，你很容易就会太相信自己的判断。当你遇到一个聪明人与你意见相左，而正确答案只有一个，这时候就要问，让两个人产生分歧的核心是什么呢？你们不同的信念各自建立在何种假设之上？是否有充足的证据消除分歧？谁的证据更充足？像第二章中建议的那样，换个角度思考能够开拓你的思路，让你思考自己可能会出错的方式，并对支撑自我信念的证据进行批判性审视。

赌一把

不确定性是生活的本质,安妮·杜克讲述了打扑克如何帮助她适应了生活中的不确定性。打扑克教会她的道理有二:一是尊重证据,二是提出有建设性的不同意见。她的有些经验教训来自邀请她"赌一把"的牌友。[3]如果有人给出了一个可疑的说法,玩家们就会发出这样的挑战。邀请人们就不同意见下注的理论依据在于:当两个人的信念不同时,于双方而言,打赌看谁对谁错的预期价值都是正数。有许多关于"命题打赌"的故事,讲述职业扑克玩家之间的这种博弈。打赌的对象千奇百怪,有时是一场高尔夫球比赛,有时是一次吃掉100个白色城堡汉堡,有时候是一年减重27千克。[4]说起来,最著名的一场赌约可能就是约翰·赫宁甘就自己能否在得梅因生活而跟牌友打的赌。

赫宁甘是一名职业赌徒,他生活在拉斯维加斯。大部分日子里,他都在大型赌场里赌很大的牌局直到深夜。他不需要向任何人报备,完全按照自己的时间表打牌,也从来不需要打卡。一天晚上,在和其他扑克玩家聊天的时候,他们谈到了去美国中部过"正常"生活的话题。赫宁甘开始假想自己在艾奥瓦州的城市得梅因的生活。"然后,其他玩家就开始善意地调侃，畅想像赫宁甘这样有夜行癖的人生活在这样一个在他们看来跟拉斯维加斯截然相反的城市里会怎么样。"[5]但是，赫宁甘坚持认为自己在得梅因也能生活得很好。

"要不要赌一把？"他的牌友们挑衅道。赫宁甘选择接受挑战。然后，他们对打赌的条件进行了明确约定：赫宁甘的生活轨迹不能离开得梅因市的一条特定的街道，这条街道上只有一家旅馆、一家餐馆和一个酒吧，所有营业场所晚上10点准时关闭。如果他能在这条街上生活30天，牌友们就会付给赫宁甘3万美元。如果做不到，赫宁甘反过来付给他们3万美元。赫宁甘接受了这个赌约。第二天早上，他乘飞机去了得梅因。

在揭晓赫宁甘是否真的在得梅因过得很滋润之前，我想要先跟你讲讲另外一个赌注更高的赌约。2007年，投资大师沃伦·巴菲特下注100万美元，他赌的是被动投资要比主动投资更加赚钱。具体来说，他的赌约条件为，在今后10年里，投资1支标准普尔500指数基金的收益会优于精心选择的5支对冲基金组合。跟他打赌的人是纽约一家基金管理公司普罗蒂杰的合伙人之一泰德·西德斯。普罗蒂杰公司把客户的钱投资于对冲基金。讨论到底是被动投资更赚钱还是主动投资更赚钱这个问题的意义重大：它会影响市场上数万亿美元资金，包括大部分养老基金的管理方式；它会影响经济学理论对高效率市场的定义；它会影响众多供职于普罗蒂杰公司和桥水的那些靠出售金融服务谋生的人的生计。[6]

对冲基金的目标是雇用最聪明、最有才华的人来帮助公司投资赚钱。这些人拿着极高的薪酬，而大多数对冲基金的管理费也高得惊人。当时，谁也不知道巴菲特跟这样的精英打赌能不能赢。巴菲特看好标准普尔500指数，他什么分析都没有做，直接买入了美国最大的500家上市公司的股票，并且不会根据公司发展情况调整持仓。刚开始，巴菲特遇到了很大的挫折。2008年的金融危机使得标准普尔500指数跌至谷底，几乎腰斩。不过，标准普尔500指数还是慢慢恢复了，在双方打赌的这十年间，年均收益率为7.1%。而普罗蒂杰公司投资的对冲基金只得到了2.2%的年收益率。[7]巴菲特将自己赢得的这笔钱捐献给了位于内布拉斯加州奥马哈市的女子协会。最新的报道显示，这家慈善机构也不打算把新获得的这笔财富交给对冲基金打理。

要是你相信自己可以凭借更明智的投资决策来打败标准普尔500指数基金，那么，也许你需要重新考虑一下巴菲特为什么会愿意赌标准普尔500指数能够跑赢主动投资。事实上,任何时候,只要有人尤其是像巴菲特这样的人愿意跟你打赌,你都有必要问一问自己,这是为什么。第二章介绍的"考虑对立面"的策略是最好的、最有效的、适用范围最广的偏差纠正策略。问一下自己"我为什么有可能是错的",这个简单的问题可以在很大程度上帮助你发现并纠正自己的偏差,其他人也能够通过反对你的观点来帮助你重新评估自己的观点。不过,一般而言,你很难欣然接受这种帮助,特别是当他们不认同的是你坚信不疑的观点时。你的叔叔总是牢骚不断,他对你的政治观点嗤之以鼻,还把选票投给你根本就看不上的候选人,在家庭聚会上讨论你们的政治观点可能会让在场的人都很尴尬。但如果你希望理解你的叔叔,了解自己的政治观点可能存在的瑕疵,或者想要认清分裂了美国民众的党派分歧,那么通过认真听取他的观点,你也许会有一些收获。

没有几个人真的相信自己是绝对正确的,但人们还是经常会执着于自己的观点而不愿意考虑自己犯错的可能性。心理学家把这种倾向称为"朴素实在论"。[8]这种倾向让我们认为自己看待世界的方式才是唯一明智的方式。根据这种推理,那些跟我们意见相左的人不是蠢就是坏:因为愚蠢，他们无法认清摆在眼前的现实；如果他们明明看到了真相却否认现实，就更可能是因为他们心怀不轨。其实那些与我们不同的视角反而是有益于我们的，它们能够帮助我们看到那些我们错过的东西，发现新的机遇，并认识到我们自己容易犯错的倾向。约翰·穆勒曾说过："只有借助对立观点的冲突与碰撞，我们才有机会发现被忽略的真相。"[9]

在得梅因生活了两天之后，约翰·赫宁甘给他在拉斯维加斯的牌友们打电话，讲述自己在那里过得有多开心。他说，他很乐意在艾奥瓦州生活一个月。不过，因为他是个好人，所以他很愿意放他们一马。赫宁甘提议让牌友们付给他一半的赌资，也就是1.5万美元，条件是他现在就返回拉斯维加斯。他的牌友们拒绝了这个条件。牌友们感受到了赫宁甘的绝望：才过了两天就急着解除赌约了，他一定过得很惨。在讨价还价之后，赫宁甘付给牌友们1.5万美元，而他也当即乘坐飞机飞回了拉斯维加斯。他的经历成了扑克牌玩家们津津乐道的故事。[10]

假设在打赌的时候，赫宁甘估计自己能够在得梅因生活一个月的概率为70%，那么用3万美元乘以70%就能得出这个赌约的预期价值为2.1万美元。同时，他还要减去因无法履行约定而需要承受的预期损失，也就是用3万美元乘以30%的概率，即9 000美元。这样算下来，不考虑他讨价还价的能力，打这个赌，赫宁甘的预期获益为1.2万美元。如果他的牌友们猜测赫宁甘履行约定的概率只有30%，我们也可以根据同样的逻辑来计算，这个赌约对牌友们的预期价值也是1.2万美元。当他们下注时，双方都很高兴地认为自己打了一个预期价值为正的赌。

当然，只有在考虑预期价值的时候，打赌才是有正收益的。如果只有一方是正确的，一方获益的同时另一方的利益肯定就会受损。基于这一点，如果参与打赌的双方都绝对理性的话，双方打赌的逻辑基础就完全站不住脚了。如果双方都知道对方是理性的，他们就不会放任对方对未来坚持不同的判断。另外一个理性的人很乐意站到与你相反的立场上这个事实本身就是有价值的信息，这说明双方都应该重新审视自己之前的观点。如果双方都以这样的方式思考问题的话，他们最终会达成一致，也就没有打赌的必要了。

在第四章中，我给诸位讲了我的博士生导师马克斯给我提供的保险条款：如果我支付给他一笔保险费，他就会在我找不到工作时给我付工资。如果我找不到工作的概率足够高的话，我就会接受马克斯的保险条款。但马克斯差不多是我认识的人里最理性的一个，他擅长解决概率和不确定性问题。尽管我通常无法做到太理性，但是我还是决定理性地思考一下。既然马克斯提出了这个条件，那么这个赌约一定符合他的利益。而且他对于应届博士生的就业情况比我知道得更多，他的赌约中本身就包含有用的信息。我很开心地更新了自己的观念，提高了自己找到工作的主观概率，并拒绝同马克斯打这个赌。

日内交易

日内交易是赔钱的好办法。[11] 所谓日内交易就是关注股票的短期行情，频繁交易，力图通过所谓的低吸高抛赚钱。短线操作者会紧密关注商业新闻，并根据当天的新闻寻找当日可能会上涨或者下跌的股票。他们试图找出估值过高或者估值过低的股票，还会通过非常复杂的算法来根据一家公司的盈利情况和发展前景来计算其股票估值的高低。

每次你交易股票的时候，都是在跟其他人交易。所以有必要考虑一下自己交易的对家到底是谁。你所掌握的信息是不是比对方更充分、更准确？你选择交易这只股票，很可能是因为你自认为掌握了足够信息来做出明智决定。那么，别人知道多少呢？一般而言，其他人对这只股票的了解也许不如你。但是，跟你交易的人也许并不是普通的投资者，他们很可能是跟你一样自认为了解这只股票及其未来价值，并且对自己的交易决策充满自信的人。他为什么要跟你做这笔交易呢？他都知道些什么呢？为什么在你试图买入的时候，他判断应该出售呢？

比如当你得知消费者们愿意排队购买最新款的 iPhone 时，你决定购买苹果的股票。消费者对苹果产品的旺盛需求预示着苹果股票的价格会上涨，这似乎是合理的推论，但到底能够涨多少呢？那些排队购买的消费者无疑是苹果的忠实用户。有些人穿着印有苹果标志的服饰，甚至有一个人展示了肩膀上的苹果文身。然而，我们应该问一问那些出售苹果股票的人是否也看到了苹果专卖店外排队的消费者。出售苹果股票的人愿意按照现在的价格售出，他是否已经考虑到那些拥有苹果标志文身的人未来对苹果产品的需求这个因素了呢？

如果买卖双方都足够理性且双方都认为对方也非常理性的话，也就是说，他们相互知道对方是理性的，最终，他们对某项资产的价值认知会达成一致。[12]如果卖家遇到了一个愿意购买的理性买家,那么,必然的推理就是买家知道一些让他对这项资产的价值有更高估计的信息。意识到这一点之后,理性的卖家就会调高自己对资产的估值。而买家在看到理性的卖家愿意出售一项资产时,也会调低自己对资产的估值。最后,理性的推理让双方就该资产的价值达成一致,双方从而失去继续交易的理由。事实上,只要交易行为本身是有成本的,他们就不会轻易交易。

然而,每天都有价值数十亿美元的股票在全球股票市场上被买入卖出。为什么呢?如果卖家和买家对股票的价值有不同的看法,那么一定有一方是错误的,而且股票交易是需要支付手续费的。其中一种解释认为原因在于太自信:如果双方都相信自己是正确的而对方是错误的,他们就都会认为这笔交易有正的预期价值。[13]行为经济学研究致力于用已知的关于人类判断偏差的知识来理解人们的经济行为,其研究理论也对股票交易行为进行了一些有益的探讨。强有力的证据证明,投资者交易越频繁,投资收益就越低。[14]研究行为金融学的学者们发现,投资者愿意交易的内在原因通常是过分相信自己判断的准确性,而事实上,他们中有一半人的判断很可能是错误的。

如果股票投资者过分相信自己对某只股票价值的估计是正确的，在明知道有人跟自己持不同观点且非常愿意采取截然相反的交易选择的情况下，他们还是会选择进行交易。高估了自己估值准确性的投资者倾向于相信自己比交易对手更加理性，或者掌握了更多的信息。而这恰恰表明，他们没有能够认识到，自己掌握的信息或关于股票价值的判断是不完美的，或者他们没有能够认清其他人所掌握的信息的价值。他们可能更愿意相信自己拥有敏锐的洞察力，轻易就否认了其他人的智慧。

如果你拥有一些公司的股票，你是否想过你的这些股票都是从谁的手中买过来的呢？很可能你在跟一个缺乏经验的新手交易，他不具备你那种对股票真正价值的敏锐洞察力。但大部分股票交易都不是在缺乏经验的新手之间进行的。股市中的绝大多数交易都是由银行、对冲基金、经验丰富的基金经理和复杂的算法贡献的。从理论上来讲，获得足够多、足够准确的信息的个人有可能会比那些经验丰富的专业人士更精明。但是，不要在这上面下赌注。在每一笔股票交易中都存在掌握的信息不如对方多的一方，正如在每一次扑克牌局中都有一个最糟糕的玩家一样——这个笨蛋的钱包肯定会变薄的。沃伦·巴菲特曾经引用过这样一句谚语:"如果你打了半小时的扑克,还没有发现谁才是那个容易吃亏上当的人,那么,你就是那个笨蛋。"[15]如果你不知道交易对手为什么会跟你交易,有必要考虑一下你就是那个笨蛋的可能性。

像银行和对冲基金这类经验丰富的机构投资者很少会选择日内交易。有估算表明,超过99%的日内交易是那些用自己的钱炒股的人干的。一般而言,频繁买卖股票的人都是亏钱的。有证据表明,算上手续费的话,他们通过自己的努力,平均每年会亏损23%。[16]也就是说,如果你投入1美元在股票市场上进行日内交易,在1年的努力之后,就只能剩下77美分。

如果自己进行股票交易是傻瓜才会做的事,而你又不愿意支付高额的佣金给基金经理,因为他们也无法承诺带给你丰厚的回报,你该怎么做呢?沃伦·巴菲特给我们这样的散户投资者的建议很简单:把钱投向指数基金。[17]指数基金的费用比较低,因为它们不需要雇用很多高薪的基金经理来挑选股票——它们只要投资指数就行了。你可以如上面提到的沃伦·巴菲特一样选择被动投资,这样做就相当于是依靠集体智慧赚钱。

集体智慧

总的来说,一大群人的智慧会比群体中的个体更明智。关于这一点,最经典的案例发生在 1907 年,弗朗西斯·高尔顿爵士[18]造访英格兰西部食用家畜和家禽展会。[19]在那里,高尔顿见识了 787 位观众竞猜一头公牛重量的比赛。有些人的猜测与公牛的体重比较接近,而有些人的猜测则谬以千里。每个人的猜测中都包含一些昭示公牛真实体重的有效信号。同时,里面也包含一些被统计学家称为噪声的数据——那些偏离了真相的错误。有些噪声数据提高了对公牛体重的整体估值,而另外一些则降低了整体估值。让高尔顿惊奇的是,所有猜测数据的平均值与公牛的实际重量 543.4 千克只相差约 453.6 克。事实上,这个平均值比任何一个人的猜测都要准确。它为什么能够如此接近事实?因为在经过平均之后,个体的谬误往往会相互抵消。

在第二章中,我提到了集体智慧。有时候我们以平衡各种观点为目的收集不同的观点,其实就是在利用集体智慧。这一经验的价值在不同的场合被一再证实,其中包括股票市场估值、地缘政治预测、组织决策制定等。[20] 将多人的观点进行平衡的做法抵消了噪声数据,仅保留了有用的信息。然而，要使集体智慧发挥作用，就必须保证所有成员是相互独立的。存在相关性的误差是无法相互抵消的，也就是说，只有在每个人或多或少地拥有一些准确的信息且彼此的错误都不具有相关性的情况下，集体智慧才称得上是智慧。每个偏高的误差都会有一个偏低的误差与之相对应，所以才有可能通过平均来抵消这些误差。

我们可以通过类比来了解这个过程。如果想要预测一场选举中的选票分布情况，采访选民是有效的方法。但是，与高尔顿所见识到的重量竞猜比赛一样，单一选民掌握的信息是非常有限的，所以我们需要访问更多的选民。访问的选民越多，我们做出的预测就越准确。没有哪个个体知道每个候选人获得选票的比例，但每个人都掌握了一点点信息。一般民意调查的采样规模是1 000名注册选民，[21]这种规模的民意调查最后的置信区间是95%，上下偏差3%。[22]我们的统计学家朋友告诉我们，如果投票与民意调查同时进行，他们有95%的把握相信，根据民意调查预测出来的结果与实际结果之间的偏差不超过3%。

你可能会惊讶，原来集体智慧也可以应用到群众自己身上。[23]沃尔特·惠特曼说，每个人的内心都"包容着多样性"，聪明的做法就是利用这一点。熟悉集体智慧的研究人员曾要求个体对同一个问题做出多种不同的估计。其中一个研究要求志愿者对各种历史事件（比如电的发现）发生的时间进行猜测。第一次尝试的时候，他们的猜测同实际日期的平均偏差为130年。在回答完问题之后，志愿者们读到了下面的要求："首先，假设你之前的猜测是错误的。然后，思考一下为什么会这样，具体哪一个假设或者考虑可能是错误的。接下来请思考：这说明了什么？第一次猜测的数值是高了还是低了？最后，根据上述这些新的思考角度，进行第二次猜测，请给出一个与上次不同的猜测。"平均而言，第二次猜测要离正确答案近一些，误差缩小到了123年。当我们把两次猜测的结果放在一起平均，得到的平均值会更接近事实。

该结果证明了探究自己出错的原因的价值。我们应该接受这种自我多样性，因为人类思维本来就是复杂的。沃尔特·惠特曼在其诗作《自我之歌》当中赞颂了人类内心的多样性：

我自相矛盾吗？
很好，那么我就反驳我自己吧，
我大而有容，我之中有无数的我。[24]

内心的多个自我都可以有不同意见，那么，不同的人，他们各不相同的经历、信念和看待问题的角度当中所存在的差异就更大了。好的管理者会利用这种多样性来帮助自己做出更好的决策。

集体智慧与乌合之众

阿尔弗雷德·斯隆是美国历史上最受爱戴的商界领袖之一。在他的领导下，通用汽车公司从一家小小的创业公司发展成为全世界最大的汽车制造企业。[25] 他的管理风格备受推崇，得到广泛研究和模仿。有这样一个故事，在一次高层管理会议上，大家就某个问题达成了共识。"先生们，据我所知，大家对这个决定达成了一致。"[26] 与会高管互相点了点头，而斯隆接下来说的话却出乎他们的意料："我提议将这个问题的讨论延迟到下次会议，这样我们就都有时间来思考一下自己是否有什么不同的意见，也许下次讨论能够使我们对这个决策有一些新的理解和认识。"

在充分知情的条件下做决策，就意味着要掌握多样化的信息，这些信息代表着方方面面的考量。像斯隆这样勇敢的管理者会努力寻找，甚至是主动引入多样性，确保对决策的讨论足够广泛深入，保证所有有用的观点都有机会被表达出来。美国总统亚伯拉罕·林肯特意组建了一个持有不同政见的内阁。[27]他希望听取各方面对自己所服务的这个国家的不同看法，这些不同的看法增加了这个团队找到真理之路的机会。

当人群存在差异性时，集体智慧才有价值。不同的看法和观点之所以有用，是因为它降低了大家拥有相同偏见的风险。用詹姆斯·索罗维基的话来说，如果大家都认同同一种偏见，那么群众就变成了乌合之众。[28]这时他们的错误是相关的，他们还会强化彼此的偏见。比如说，如果参与民意调查的人全部都来自加利福尼亚州的伯克利市，那你得到的结果可能会比全美整体情况更偏向自由主义。在一个有偏见的群体内部进行讨论并不能可靠地消除群体内成员的偏见。恰恰相反，参与者更倾向于讨论有共性的信息，在讨论结束之后他们的偏见会比讨论之前更深。心理学家称之为"群体极化"。[29]

在一项研究中，科罗拉多州博尔德市的自由派居民和附近斯普林斯市的保守派居民被放在一起进行对比。[30]来自两个城市的志愿者先分别就一些容易引起强烈争议的问题表明各自的立场，这些问题包括全球变暖、平权行动和同性婚姻。然后，志愿者以城市为单位面对面探讨这些问题，并在讨论之后再次表明个人立场。讨论之后，两个小组的观点都比讨论之前更加激进了。也就是说，思想保守者变得更加顽固保守，自由主义者变得更加激进自由。他们共同的观点在讨论中得到了进一步强化，通过彼此肯定，他们确认了共同信念的明智性。

想要保持你所在的团队的多样性，就要在决策或者开会之前避免成员之间的相互影响。也就是说，不能在人们的观点形成之前对他们进行游说，或者允许他们彼此影响。比如说，如果本部门在考虑雇用新人，我们就在开会之前先征求每个人的意见。最简单的方式就是通过在线调查要求每个人给所有的候选人排序。如果大家都赞同雇用同一个人，会议就可以很简短。就算大家存在分歧，把所有排名相加也能够得到所有候选人的排名，这可以有效地奠定讨论的基调。在处理某些问题的时候，迫使人们把自己的观点放到明面上的做法特别有效。比如在雇用新人这个问题上，这样做能够有效避免人们因为职位更高的同事先发表了意见而不愿意提出异议。

你可能会疑惑不解，既然可以用这种方式来征求集体意见，为什么还要开会呢？许多研究集体动力学的研究发现，讨论实际上会对决策质量产生不利影响。除非最明智的个体同时也是声音最大的、说服力最强的，否则集体讨论在很多情况下会导致大家的共识偏离真理。对基金发放委员会的研究能够解释这种情况是如何发生的。[31] 美国国家科学基金会是一个典型的基金审批机构。机构会通过多方努力，对基金申请进行评审，力求选出最优秀的申请者。该机构聘请多位经验丰富的杰出学者来审阅每份申请，并要求他们向美国国家科学基金会提交对每个项目的评分。美国国家科学基金会希望能够做出正确的审批决策，经基金会审批的基金金额动辄数十万美元甚至数百万美元，基金会的决定会影响青年科学家的职业生涯。

因此，美国国家科学基金会邀请评审团成员从世界各地飞到总部，面对面地商讨每一份申请。讨论过后，评审团成员会就哪个项目值得拨款给美国国家科学基金会提出推荐意见。但有研究表明，在不开会讨论的情况下，专家们反而能够选出更优秀的项目。如果美国国家科学基金会不让所有人都飞到美国弗吉尼亚州的亚历山大市，花上几天时间开令人身心俱疲的项目评审会，而是根据打分排名来选择最优秀的申请人，基金会就能够做出更加明智的选择。一般而言，所有人齐聚一堂进行讨论并不能找出最优秀的项目。

个体差异

既然我们在讨论多样性,就不能不考虑某些类型的人是否会比其他类型的人更容易太自信的问题。很多人说男性更容易太自信。不过,支持这个说法的各种证据都缺乏说服力且前后矛盾。[32] 仅仅依据个体的种族、性别、文化背景或者年龄等条件,很难判断他(或她)是否会太自信。人们一般会想当然地认为男性会高估自己判断的准确性,也就是说,男性会对自己并没有足够把握的事情更有信心。因此,有很多以此为内在逻辑的笑话,比如关于男司机不愿意停下车来问路的段子。但几乎没有系统性的证据能够证明男性会比女性表现出更强的准确性高估倾向。[33] 有些出版物中宣称男性比女性更容易相信自己比别人更优秀。不过,这样的信念看来只存在于一些在刻板印象中属于男性优势项目的领域,比如运动、机动车维修等。[34] 而且,这种现象并不具备持续的可复制性。[35] 其实,在刻板印象中属于女性优势项目的领域里,女性也会表现出自以为是倾向。[36]

有些探讨两性自信差异的书中提出,为了跟男性竞争,女性必须增强自信。[37] 然而,即便我们假设男性真的普遍自信水平过高，建议女性变得更自信的做法也是有问题的。太自信是错误的，建议女性多犯错是不明智的。如果事实上女性真的不如男性偏颇，那么她们就会在很多方面受益。比如说，对股票价值太过自信会让人们更频繁地交易，那么，女性应该能够做出更好的投资决策。[38]如果自视甚高会让男性对他人的观点进行诋毁，那么女性应该更适合做管理者。[39]总而言之，即便男性真的比女性更自信，我们也不能断言只要变得更加自信，女性就可以做得更好。

伊丽莎白·霍尔姆斯是一位对自己的事业非常自信的女性。为了实现自己的创业理想，霍尔姆斯从斯坦福大学辍学，创办了血液测试公司塞拉诺斯。霍尔姆斯在由男性主导的创业者世界中博得了一席之地。用风险投资家兰迪·科米萨的话说，在这个世界中，管理者们"不理性地相信自己与众不同，认为打败普通人的力量无法打败自己，普通人都在那个地方败下阵来，可他们就能够成功"。[40]从小时候开始，霍尔姆斯就想要"发现一个新的东西，一个人类原先不知道可以实现的东西"。[41]她在中学的年刊里说，她的理想是"拯救世界"。在斯坦福大学学习化学工程和微流控课程期间，她构想出以全新的方式检验血液的创业思路。

霍尔姆斯构建了一个理想主义愿景，即发明出简单、易操作的多用途血液检测仪器，利用这个仪器，人们可以随时随地进行健康筛查。她的愿景吸引了诸多重量级的名人，其中包括亨利·基辛格、乔治·舒尔茨、詹姆斯·马蒂斯和威廉·佩里，这些人都被她拉进了公司的董事会。塞拉诺斯吸纳了超过10亿美元的资金。霍尔姆斯还吸引了很多出色的雇员，组建了一个阵容豪华的团队。成就接踵而来，她自信地宣告了她对公司发展的愿景。尽管她的董事会成员都声名显赫，但他们对公司几乎毫无掌控力。霍尔姆斯手握特别股票，并借此掌控公司，这种股票在投票时1股相当于100票。

霍尔姆斯成为励志典范，赢得了大家对其领导地位的信服，不仅忠实的董事会成员对她言听计从，商业媒体也对她信任有加，刊登的每篇文章都对她大加赞赏，高调地宣传她的远见卓识。跟自己的偶像史蒂夫·乔布斯一样，她也喜欢穿黑色的高领衫。作为塞拉诺斯的首席执行官，她拥有了锐意进取的人设，并逐渐成为备受硅谷人推崇的自信经理人的代表。塞拉诺斯最终没有能够兑现其仅用一滴血就完成数百种测试的承诺。尽管霍尔姆斯对项目的强烈自信非常有感染力，却也没有能够克服技术本身的物理局限。尽管她努力维持这个神话的存在，塞拉诺斯最后还是因丑闻缠身而破产。霍尔姆斯本人则被美国司法部指控犯有欺诈罪。[42]

比你更神圣

伊丽莎白·霍尔姆斯的管理风格强势跋扈，在进行市场推广时也总是夸大其词，而她合理化这些行为的方式之一就是大谈特谈理想情怀。她声称自己是受到道德感召才做了这些事情："我希望创造一种全新的技术，这种技术能够帮助各个阶层的人，并突破地域、种族、年龄和性别的界限。"[43] 在接受《魅力》杂志"年度女性"奖项的时候，她表示自己想要成为女孩子们的榜样，"当她们开始想自己长大了要成为什么样的人的时候，就会看到我"。[44] 所谓的理想、信念和高尚情操合理化了她作为塞拉诺斯首席执行官时所做的一切事情，哪怕有些时候她的所作所为已经越过道德和法律的界限。

跟霍尔姆斯一样，当我们相信自己正在从事一项神圣事业的时候，就能轻而易举地合理化自己的偏见。对你自己的品德极端自信会让你看不到自己的道德缺陷。那些对自己的美德最有信心的人其实最容易做出道德沦丧的事情。要证明这一点，你只需要看看有多少宗教领袖和自诩圣人的人因为道德沦丧而被拉下神坛就可以了。说到这些人，我首先想到的就是天主教会层出不穷的神职人员性侵儿童的丑闻，不过，实际的罪恶远不止这些。

也许最令人瞠目的就是吉姆·巴克和塔米·费伊·巴克的案例。这两个布道者的财富帝国包括一个名为遗产村的豪华总部大楼和位于美国南卡罗来纳州的一座基督教主题公园"美国遗产"。在20世纪70年代，他们的布道节目《PTL俱乐部》每周收到超过100万美元的捐款，这笔收入使得巴克夫妇过上了穷奢极欲的生活。吉姆·巴克对他的奢华生活洋洋自得，他炫耀说："上帝想让自己人乘坐头等舱。"[45] 巴克夫妇认为自己所做的一切都是理所当然的，因为他们是上帝的仆人。[46]

鄙视这些自诩占据道德制高点的人是很容易的，但看到自己的道德缺陷却没有那么容易。大部分人都觉得自己的德行优于其他人。[47] 其中一个原因是他们对自己的高尚思想和行为更了解，但对别人的高尚情操却不甚了了。如果道德的基础是一个人心中的信念，而我们中的大多数人在做大多数事情的时候初衷都是好的，那我们中的大多数人都是道德高尚的，即便是那些犯下最令人发指的罪行的人也只在少数情况下才会做坏事。事实上，几乎在所有人身上，纯真的快乐和高尚的动机都多过蒙骗、欺诈和罪恶。因为我自己在 95% 的情况下都是诚实的，所以，我认为我有理由相信自己比其他人更诚实。当我要求班上的学生为自己相对于其他人的诚实度打分的时候，超过 90% 的人认为自己的诚实程度比班上一半人高。

正如我在第一章中所指出的那样，如果任务比较简单，或者是我们自认为擅长的事情，我们会倾向于认为自己比其他人做得好。当任务比较容易而我们又看不到其他人的表现时，我们最容易觉得自己会比其他人做得好，比如我班里的学生会觉得自己比别的同学更诚实。[48] 相对地，当我们对自己的失败比对他人的失败感受更深切时，会倾向于认为自己不如别人做得好。正是因为如此，很多人认为自己自我怀疑的时候比其他人要多。[49] 不囿于自身的认识、站在他人角度看问题能够纠正这些错误，帮助我们形成更客观的看法。

站在他人角度看问题

站在他人角度看问题帮助安迪·格鲁夫做出了职业生涯中最重要的决定。格鲁夫执掌英特尔期间,英特尔蒸蒸日上。那个时期,英特尔在计算技术和处理速度方面始终走在浪潮的最前端。在20世纪90年代的宣传活动中,英特尔著名的微处理器打出了"英特尔:给电脑一颗奔腾的芯"这样的广告语。有些广告赞美英特尔严格防尘的芯片生产环境——工人的工作服都是连体衣,力图最大限度减少灰尘。在广告片中,包裹在独特的"兔子装"里的工人们在窗明几净、光洁如新的芯片组装车间里翩翩起舞。[50] 然而,英特尔的起步可不像在清新干净的房间跳舞这么轻松。

英特尔成立于1968年,最初生产用于储存数据的计算机芯片。随着竞争日益激烈,英特尔的利润大幅缩水。到了1985年,用格鲁夫的话来说,公司经历了"凄惨而又令人沮丧的一年"。存储芯片竞争对手的加入拉低了产品价格,并在竞争中赢过了英特尔。格鲁夫和他的事业伙伴戈登·摩尔[51]面临着艰难的抉择——是给存储芯片业务继续加码并建立一家规模更大、效率更高的工厂,还是完全退出存储芯片行业，将重心放在生产微处理器上？在这个生死存亡的节点上，格鲁夫问摩尔："如果我们两个被董事会解雇，公司来了新的首席执行官，你觉得他会怎么做？"摩尔毫不犹豫地说："他会带领公司离开存储芯片行业。"就在这一刻，格鲁夫和摩尔明白了自己应该做什么。英特尔开始专心做微处理器，而接下来的故事就家喻户晓了。[52]

站在他人的立场看问题其实就是想象当面临同样的局面时，其他人会如何处理。这是防治计划谬误的良药。在第六章，我们分析了计划谬误如何导致我们过度乐观地预测完成任务所需的时长。丹尼尔·卡尼曼用自己参加的一个委员会的故事解释了这个过程。[53]这个委员会的任务是设计一门课程并为其编写教材。在考虑需要多长时间完成任务时，所有委员会成员都写下了自己对此项任务所需时长的估计。团队达成的共识是，这项工作可能要花费他们两年左右的时间。当卡尼曼从局外人的角度来思考这个问题，调查其他类似的课程委员会大概需要多少时间来完成这项任务时，他得到的答案是：大部分类似的委员会都没有能够完成任务，而真正完成了任务的40%的团队，至少也花费了7年的时间。

通过调查其他类似委员会的情况，卡尼曼得以用由外而内的视角来看待问题。在很多情况下，这样做是很有效的。比如说，有天赋的年轻运动员因为希望自己能够进入美国职业橄榄球大联盟打球，热情高涨地全身心投入训练。而如果他们能够从旁观者的角度来思考一下发展的前景，就会有不同的认识：有天赋、有热情的年轻运动员有很多，但其中只有极少部分的人能够靠参加体育比赛养活自己。请跳出你的第一人称视角，考虑一下其他跟你一样的人的成功概率。在你下定决心专心打橄榄球，而不是为了即将到来的化学工程考试好好复习之前，最好先搞清楚像你这样的人成功的概率有多大。普普通通的大学运动员被招募进美国职业橄榄球大联盟打球的概率有多大？首次公开募股成功的概率有多大？公司合并最终为股东带来盈利的概率有多大？你以为只要挥动双臂就能飞起来，但有人做到过这一点吗？

由外而内的思维方式是治疗不自信的良药。如果你觉得自己完全不能够胜任新的岗位，不妨问一问，有多少成功人士在刚起步时也遇到了困难和挑战？他们中又有多少人怀疑自己缺乏完成任务的能力？你还可以向资深的同事了解他们刚开始工作时的情况。你很可能发现他们也都遇到过挑战，都产生过自我怀疑。他们还可能就怎样最好地克服这些困难给你一些有益的建议。

有时候，因为你想要做的事情还从来没有人做过，参考外部视角的难度就会比较大。1903年，在莱特兄弟进行飞行器实验的时候，并没有多少相似的案例可参考。在这种情况下，从外人的角度进行推理能够帮助你完善自己的看法。是什么原因让你觉得你的项目可能成功？你觉得自己会失败的理由又是什么？你所冒的风险是否值得？你可以采取什么措施来防止自己陷入绝境？我们要感谢莱特兄弟冒了那样的风险。需要指出的是，在沙丘地带进行实验是非常理性的选择，因为在那样的地方即使飞行器坠落，机毁人亡的概率也比较小。

站在他人的立场上看问题能够避免你对自己的正确性过分笃定。事实上，瑞·达利欧就是用这种办法来让自己不至于犯错的。他总是努力理解跟自己观点不同的人的想法：想一想那个愿意买下我卖出的股票的人，考虑一下那个人都知道些什么；努力理解那个人，为什么他把选票投给我反对的候选人，想想这个人的立场是否存在合理的地方。别忘了，其他人的看法也可能是真实的、正确的。承认这一点，你才能更好地跟他人一起共事、一起生活，理解他们并解决与他们之间的争端，跟他们做生意。换个角度思考，要求我们承认还存在其他发现真理的合理方式。福特汽车的创始人，也是富有远见的管理者亨利·福特这样建议："如果说有什么成功的诀窍的话，就是能够理解其他人观点，既能够从自己的角度思考，又能从他人的角度思考。"[54]从他人的角度思考问题有助于建立和谐的关系，促进双方相互理解，还能让彼此之间的分歧更有建设性。

第八章

找到中间道路

2017年6月3日,亚历克斯·霍诺德完成了一次壮举,这也许算得上是有史以来最伟大的运动成就。霍诺德当时只有31岁,已经是全世界最优秀的攀岩者之一了。他攀爬过许多世界上最困难的路线,攀岩的足迹遍布墨西哥、加拿大、乍得、阿根廷和加里曼丹岛。霍诺德的终极目标是酋长石,酋长石位于美国加利福尼亚州的优胜美地国家公园的中心,是一块高达900多米的整块花岗岩。酋长石在攀岩圈子里非常出名,不光是因为它形状特殊,还因为它特别难爬。第一次有人登顶是在1958年,3名专业攀岩者花费了47天才完成了这一壮举。现在，攀岩者的装备更加先进，对线路的了解也更为详尽，专业攀岩者大概需要4~5天的时间登顶。而霍诺德攀爬酋长石只用了不到4个小时。

攀岩是一项危险的运动，受伤甚至丧生都是常有的事情，有些保险公司拒绝给攀岩者提供人寿保险。对于大多数攀岩者来说，在这项运动中，所谓优秀就是懂得如何善用工具，其中包括头盔、救生绳、保护带、安全钩和锚具。攀岩者必须了解怎样打绳结才能保证在他们坠落时绳子能够拉住他们。攀爬酋长石这样漫长的行动需要攀岩者随身携带数百磅重的装备，进行多日攀爬的时候还必须要携带食物、寝具和如厕用具。

亚历克斯·霍诺德则与众不同。[1] 他所进行的是被称为"徒手攀岩"的无保护攀岩。他卸下所有的安全装备，进行徒手攀爬，连安全绳都没有系。这意味着，在攀爬酋长石的4个小时中，哪怕一个闪失就能要了霍诺德的命。幸运的是，他没有打滑。他的这次完美攀爬被制作成了纪录片《徒手攀岩》，该片赢得了2018年度奥斯卡最佳纪录片奖。影片中最震撼人心的画面是从霍诺德头顶拍下的俯瞰镜头——他脚下几百米的地方就是景色壮丽的优胜美地大峡谷。景色极美，却也极其惊心动魄。影片中记录了一段影片拍摄者们的谈话，他们在谈话中对霍诺德表达了深切的担忧，担心自己的工作会在某些关键时刻分散霍诺德的注意力。他们甚至还想象了霍诺德在影片拍摄过程中跌下悬崖死于非命的景象。有很多时候，他们都不敢看镜头里的画面。

我们可能会认为，既然霍诺德能完成这一壮举，他一定是个非常自信的人。其实不然。他认为自信非常重要，但并不是越自信越好。他认为过高或过低地估计自己的能力都是有风险的。"最好的策略就是深深相信你能够做到自己想要做的事情，而且你的这份信心要有理有据，"霍诺德说，"仅仅认为你可以是远远不够的，你必须绝对确信，无论是从体力上还是心理素质水平上来看，你的能力足以完成自己正在尝试的徒手攀岩。"[2] 太自信的攀岩者会去尝试一些自己还未充分准备好的挑战，而不自信则会导致适得其反的风险规避行为，比如不自信的攀岩者可能会因为握抓手时用力过猛而脱力。

你也许不会把自己挂在距离地面几百米的岩壁上，但你天天都会做有风险的事情。无论是在拥堵的道路上开车，做出数额较大的投资决策，还是处理复杂的人际关系，你都需要调整自己的自信程度。适度自信就像一张地图，能够指引你做出人生的重要抉择，帮你决定要做什么，要往哪个方向努力，并弄清楚哪些风险会要了你的命。

本书对那些可能会让我们太自信或者不自信的原因进行了归纳。下表对这些原因进行了分类和总结，主要分以下三种：

- 评估：对自己的优秀程度、成功的可能性、完成任务的速度等方面进行的量化评估。
- 定位：同他人比较之后给自己的定位。
- 确信度：对自己信念准确性的认定，也就是说，你有多么确定自己是对的。

	太自信	不自信
评估	• 无凭无据的乐观（第四章） • 低估完成任务所需的时间（第六章）	• 杞人忧天（第一章） • 夸大风险（第四章）
定位	• 在简单任务中认为自己做得比大多数人好（第一章） • 常见事件（第一章） • 认为自己优于一般水平（第五章） • 道德优越感（第七章）	• 在困难任务中认为自己做得比大多数人差（第一章） • 罕见事件（第一章） • 自我能力否定倾向（第一章）

(续表)

	太自信	不自信
确信度	• 90% 置信区间（第一章） • 意念确定性（第二章） • 宗教狂热（第二章） • 直方图分析（第三章） • 股票交易（第七章）	

太自信和不自信都是很常见的现象，区别在于它们各自出现在不同的情境之中，一个值得注意的变量是对自己的信念准确性的估计。[3] 没有研究发现在哪些情况下人们会对自己的信念的准确性产生怀疑，所以我才会一再建议你认真思考自己犯错的可能性。

你可能也注意到了，我并没有同样热情地鼓励你去思考"为什么我不如别人"。因为我知道冒充者综合征的风险，所以我不愿意让你低估自己。不过，这三种原因并非泾渭分明，你有可能会对自己定位过低，同时又对这个定位太过确信。比如在自己并不比别人差的时候却相信自己不如别人。在分析这三种原因时，我尽心尽力地逐个考察，分析相关证据，我的结论是：只有追求真实和准确才是明智的做法，适度自信对于做决策非常有用，其中也包括采取何种改进措施的决策。

自信地坚持

有些读者可能还在认为，合理且准确的自信也许会限制我们。如果更乐观的态度、更大的决心能够增加成功的机会，那为什么硬要压制它们呢？难道自信不能增加获得成功的概率吗？不屈不挠的乐观主义者通过不懈努力最终取得成功的故事比比皆是，托马斯·爱迪生正是靠着百折不回的努力才发明出了电灯。1878—1880年，爱迪生位于美国新泽西州门洛帕克的实验室都在忙着研制能够将电流转化为光的白炽灯泡。爱迪生尝试了数千种不同的设计和材料，坚信自己最后一定会成功。他勇敢地驳斥了那些嗤笑他一再失败的人："我并没有失败。我只是发现了上万种行不通的办法。"[4] 爱迪生会不会太自信了呢？

不，他的自信是有理有据的。事实上，他最终成功发明了具备商业可行性的电灯泡，爱迪生相信自己最终会胜利的判断是正确的。在研究过程中，爱迪生是不是真的确定自己能够发明满足实用性要求的电灯呢？可能他并不确定。他还有许多最后也没有成功的发明项目，其中包括机械投票机、电动钢笔、会说话的娃娃和电影投影机。[5] 然而，这些装置一旦成功便可以带来的巨大回报，足以证明他花费大量时间和精力来做这些成功概率很小的项目的合理性。换言之，这些研究的预期价值为正，虽然成功概率很小，回报却足够丰厚。

尽管很多企业家都很自信，但这并不意味着他们非这样不可，更不意味着他们是因为自信才成功的。当代最成功的企业家之一杰夫·贝索斯在开始创业的时候并不确定自己会成功。他给早期潜在投资者的建议是："我认为你这笔钱血本无归的概率有70%，因此，除非你做好了赔掉它们的心理准备，否则不要投给我。"[6]直到现在，贝索斯对其领导的公司的前景也一直抱有非常清醒的认识："我预测终有一天亚马逊会失败、会破产。如果你留心一下这些大公司，就会发现它们的寿命大概就在30年左右，而不是一百多年。"[7]当你拥有准确的信心，你就可以准确预测未来，并在面临风险和不确定性时做出明智的决定。

如何根据你所面临的风险来调整你的信心呢？你应该将你的信心建立在理性分析之上，而不是建立在头脑不清醒的自欺欺人之上。在第三章中，我建议大家认真思考一系列可能性发生的概率并周全考虑所有可能出现的结果。第四章利用预期价值的原理，对概率和可能的结果都进行了量化。爱迪生能够承受上万次失败，是因为他每次失败的成本都不高。亚历克斯·霍诺德不能承受哪怕一次失败，所以他在防护带和安全绳的保护下一遍遍练习登上酋长石的每一步，直到确信自己可以做到徒手攀岩为止。第六章鼓励你从正反两方面进行思考，罗列各种可能的结果并计算其预期价值。第七章劝说你采取由外而内的视角，考虑相似的案例并向中立者征求意见、寻求信息。

如果你的信心经过了严谨的理性分析验证，它就更有可能对你的成功起到积极作用。它不仅让你的信念和期待具备了坚实的基础，还可以让其他人对你更加信服。众所周知，风险投资人和投资者最不信任那些试图夸大其未来发展的创业者。如果你能够解释自信的基础，你的自信对别人而言就更具说服力。如果你事先已经计算过预期价值，你就更容易说服对你的建议心存疑虑的老板、同事或者投资人。不过，在到底要对你的企业表现出何种程度的乐观和到底要费多少力气来推销它这方面，你还是有很多种选择的。

装怯作勇

在第四章中，我们探讨了企业家经常会遇到的一个困境：他们需要确保决策的正确性，同时还要表现出自信以说服别人，因此，必须在这两个不同需求之间找到平衡。这种困境其实是每个管理者都会面临的一般性问题的特殊表现形式。一方面，只有依据最完整的证据、最准确的预测和最客观的评价才能做出最好的决策；另一方面，每个商业管理者都需要吸引投资者、员工和客户——当公司前景光明的时候，自然更有吸引力。事实上，任何一家公司的未来都取决于其管理者能否说服投资者、员工和客户为其下注。

要实现有效领导，展示自信是基本的要求。我们希望管理者能够鼓舞士气、为团队指引方向，表现出对自己以及对自己能力的信心有助于你展示自己的领导潜力。有些商业图书的作者甚至会说，自信是领导力发展的基础。[8]在我和卡梅伦·安德森、杰西卡·肯尼迪以及塞巴斯蒂安·布里翁合作进行的一项研究中，我们发现，展示自信确实能够提升人们的影响力和社会地位。[9]我们把志愿者分成两人小组，并随机将每个小组中的某一个人设定为高自信状态。被设置为高自信状态的志愿者被告知，他们有理由相信自己可以做得很好，因为他们在之前的测试中成绩很好。这些高自信的人的表现让他们赢得了伙伴的更多服从，也为自己赢得了更高的地位。他们的影响力确实更强。

因为评价一个人表现出的自信要比评估其内在真正的能力更容易，所以我们很容易就会依靠一个人展现出的自信做判断，信任那个看起来更自信的人。但这样做判断很容易上当受骗，因为自信是可以伪装的。弗兰克·阿巴内尔这位臭名昭著的大骗子认为，招摇撞骗最重要的诀窍就是自信："顶尖的诈骗艺术家，无论他们是在使用假支票还是在兜售伪造的石油租约，都衣冠楚楚，并拿足了自信而又权威的架势。"[10]

事实上，罪犯、骗子和卑鄙小人确实能够得意一时，但这并不足以证明伪装是制胜的秘诀。即使这些人不会因为欺骗和利用他人而感到良心不安，这种做法也暗藏危机。骗人并不是长期有效的策略，因为一旦欺诈的真相被揭露，管理者的可信度就会毁于一旦。管理者的领导力取决于别人是否信任其能力，对其判断是否有信心，而失去信誉意味着管理者将失去追随者，当然也就会失去领导力。

在我和伊丽莎白·坦尼、内特·米克尔、卡梅伦·安德森和戴维·亨塞克共同进行的一项研究中，我们探讨了人们在什么情况下会因为假装自信而受到惩罚。[11]我们发现，管理者如果公开做出了具体的承诺而最终失信，就需要为此承担后果。我们都见过管理者为了避免被追责而信口开河，他们要么言辞闪烁，要么做出模棱两可的承诺，不为任何结果负责。他们不会给出实在的承诺，只会摆出一副自信满满的样子。他们的一言一行都透露出自信，他们讲话声音洪亮，还会对其他人的事情侃侃而谈。即便这些夸夸其谈的人做不出什么耀眼的成就，也很难指责他们什么，因为确实也找不出他们有什么切实的弄虚作假的地方。[12]

阿巴内尔建议，想要避免上当受骗，你就必须努力撕开自信的表象去评判实质性的东西。要始终对没有可信证据支撑的夸夸其谈和缺乏约束力的承诺保持警惕。"我们保证产品零缺陷"远比"我们保证提供高质量的产品"这个说法更实在。如果感觉有些人是在侃侃而谈，其实他没有能力兑现自己的承诺，别忘记我在第七章中讲过的方法，问问他们："要不要赌一把？"他们愿意用打赌的方式来为自己的说法背书吗？如果他们不愿意这么做，就说明他们实际上并不相信自己所说的话。

与其他人自信满满的宣言打赌的场景有很多。如果你认为某个同事夸大了其负责的新产品的市场前景，可以用该产品的未来销量来跟他打个赌。如果某个求职者对自己未来的工作表现很自信，他就会愿意接受自己的薪酬中业绩提成的比重更高一些。如果卖东西的人宣称自己的产品比竞品好，你可以要求他用可衡量的指标来证明自己的观点。企业经常宣称自己的产品定价高的原因是质量好，如果真是如此，就应该能够衡量产品的质量到底好在哪里，并且与企业约定，只有在真正实现了这些质量优势的情况下，才支付与之相应的那部分价款。

上面的讨论对提升领导力也有一定启示作用，你可以据此思考作为管理者该如何发挥自信的影响力。给每一个预测或者承诺下赌注并不总是可行，有时候并不合适。那么，在确保不会因为不当声明而让自己陷入困境的前提下，该如何展示足够的自信来让别人信服你的领导呢？你的诚实会不会影响你的领导地位呢？丹尼尔·卡尼曼曾经警告："那些承认自己对某些领域知之甚少的专家可能会被更自信的竞争对手打败，因为后者更容易得到客户的信任。对不确定性的理解是理性的基石，但这不是人们想要的。"[13] 你应该当心那些没有那么诚实或者道德标准不是那么高的对手，因为他们会为了增强影响力而发表比你更自信的宣言。

我的同事罗伯特·麦考恩为毒品非刑事化问题在美国国会论证时就遇到了这种情况。他曾研究过非刑事化将如何影响毒品使用，在回答国会议员们的提问时，他报告说，现有的证据表明，毒品非刑事化只会让使用大麻的群体有小幅增加。然而，他同时也坦陈，关于非刑事化对成瘾性更强的毒品使用情况的影响，实验性证据还相当有限。

而在麦考恩之后出庭作证的是一位狂热的反毒斗士——桑德拉·贝内特。她从自己的亲身经历出发表达了看法："首先，我是一名母亲，因为非法毒品，我遭受了为人父母可能遇到的最可怕的噩梦——我失去了我的孩子。今天，我要从这个角度来谈谈我的看法。"[14]她指责麦考恩的观点会影响孩子们，让他们开始使用毒品："毒品非刑事化的倡导者们能够在不需要负任何罪责的情况下在大学之外胡作非为，他们欺骗性的危险言论充斥网络，连上小学的孩子都能够看到这些言论。"贝内特对麦考恩的研究成果嗤之以鼻，她还告诉国会议员们，大麻使用不再入刑肯定会引起大麻使用人数的激增。任何与这个判断相矛盾的证据，用她的话说，都是"胡说八道"。

你是不是感觉桑德拉·贝内特比麦考恩的感染力更强？确实有些证据能够证实你的猜想。西莉亚·格尔蒂希和约瑟夫·西蒙斯共同完成的一项研究发现，在同等条件下，展现自信能够增强建议者的可信度。[15]这项研究的志愿者得到了预测体育赛事结果的任务。他们并不是经验丰富的体育赛事投注者，但他们有机会听取投注顾问的建议。研究人员对顾问的自信度进行了操控，并衡量了这种变化对志愿者的影响。结果表明，在顾问承认自己并不自信之后，他们的可信度降低了。如果顾问一开始先说"我也不确定"，志愿者就会认为他能力不强、不值得信赖、说服力不够。而假如顾问一开始先说"我很有信心"，他就能够更令人信服。这个结果也同许多其他类似研究的发现相吻合，这些研究表明，表现出自信会更令人信服并能给人留下能力较强的印象。[16]

但是，如果你因此推断想要赢得信赖就得伪装出自信的样子，那你就错了。在研究中，如果顾问对不确定的事件给出绝对肯定的预测，比如哪位顾问肯定地说芝加哥小熊队一定会打败旧金山巨人队，其可信度反而会降低。相反，如果顾问预测"小熊队获胜的概率为64%"，他反而会更受信赖。而最不受尊重的顾问说的是自己也不知道为什么，但他猜测小熊队是能赢的。看来参与格尔蒂希和西蒙斯的研究的志愿者都牢记了伏尔泰的警告："不确定性令人不适，但确定性却是荒诞的。"[17] 志愿者们欣赏对不确定的事件做出概率性预测，因为这体现了顾问的诚实。总而言之，相对那些承认自己没什么自信的顾问，志愿者更喜欢那些宣称自己有自信的顾问。但他们希望顾问是因为掌握了足够的信息而自信、适度自信。

这项研究应该会让每个更喜欢实事求是而不是夸夸其谈的管理者感到欣慰。它告诉我们，适度、准确的自信才能够赢得他人的信赖，你不需要摆出夸张的乐观姿态来影响他人。事实上，太自信会让你自己、你的公司还有你的投资者面临各种风险，特别是当它让你的预测产生偏差并导致你做出了不好的决策时。有证据表明，确立管理者的威信不需要靠哄骗或者浮夸，诚实地表达对不确定性的不确定，反而是显示管理者魅力的有效策略。

太自信还是不自信

2018年8月14日，埃尔西莉娅·皮奇尼诺与丈夫和7岁的儿子正在去度假的路上，他们的小汽车上装满了行李和为海边假期准备的沙滩玩具。正午时分，当他们驾车驶过热那亚的莫兰迪大桥时，大桥垮塌了，一家三口坠入桥下约46米深的山谷中。人们在被混凝土桥桩压扁的小轿车里面找到了一家三口的尸体。包括他们在内，那次大桥垮塌一共夺去了43条生命。[18]

莫兰迪大桥是意大利著名工程师里卡多·莫兰迪设计的。一篇吹嘘该大桥创新设计的文章宣称，这座大桥使用的混凝土不需要任何维护保养。[19]曾经担任建筑师勋章评审委员会热那亚分部主席的迪亚哥·佐皮说："50年前，我们对钢筋混凝土有着无限的信心，认为它们永远都不会毁坏。"[20]然而，这座大桥并没有满足人们对其寿命的预期。莫兰迪本人就曾注意到大桥老化的速度比他预计的要快，并建议有关部门采取新的措施来保养和加固大桥。[21]大桥维护的责任落到了一家私营公司——意大利高速公路公司身上，该公司负责维护意大利全长6 437千米的收费公路中一半以上的道路。[22]这家公司的维修计划似乎是根据之前那个乐观的估计来制订的，完全没有考虑莫兰迪本人后来提出的维修建议。

要想做到分毫不差并不是件容易的事情。曾经有人提出，如果有选择的话，太自信比不自信要好。心理学家谢利·泰勒和乔纳森·布朗在1988年写道："能够构建和保持积极的错觉会被认为是一种有价值的、值得培养和提升的个人能力。"[23]他们提出了积极错觉理论，认为些许的自我蒙蔽对心理健康有好处。他们研究的基础是泰勒对癌症患者的研究。在那些研究中，她发现相信自己可以康复的癌症患者实际上活得更久。[24]

除了泰勒的研究成果，证明自信与各种结果间存在相关性的研究文献还有很多。强大的自信与更好的结果之间存在相关性的实例不胜枚举，但相关性并不能证明自信是产生这些结果的原因。正如第四章中指出的那样，人们对自己未来的前途有一定的认识，而这种认识会影响人们的自信水平。在泰勒的实验中，癌症患者对自身病情的严重程度都有所认识，因此那些自身健康状况略好的癌症患者会对奇迹般地活下来的前景更加乐观。利用明确的自信操控手段制造出精确的实验条件，然后衡量其对后续表现的影响，所得出的实验结果表明，大部分人都高估了自信能够带来的好处。因为我们很容易混淆相关和因果这两种关系。

泰勒和布朗提出，如果你必须要在太自信和不自信之间做出选择的话，太自信比不自信的好处更多、更不容易造成损失。[25]有些情况下这无疑是正确的，比如建立友谊是有风险的，你的热情问候或者邀请可能会遭到拒绝，这会让你感到尴尬。然而，新的友谊可能带来的好处则是巨大的。

不过太自信也不总是好的，这很容易证明。有时候，太自信反而会让情况更糟糕,比如在进行桥梁设计时,哪怕只是自大一点点也可能导致悲剧,灾难性的垮塌肯定比因为不自信而使用过多的钢筋要糟糕得多。因为过高估计你银行账户上的余额而开出了无法兑现的支票,这个错误可能会让你付出惨痛代价。对自己的攀岩能力、车技或者驾驶飞机的水平太自信更是会让你付出生命的代价。

如果你过于依赖积极的错觉,那你还面临着一个实际问题——你无法确定到底应该把自信度调高多少。如果你决定要高估自己成功的概率,你该高估多少呢?相信自己一定会成功,相信自己天下无敌,全世界都崇拜你,这听起来更像是患有精神疾病,并不会带来成功。[26]相信自己能够长生不老反而会让你疏忽那些能延年益寿的健康准则,相信所有人都崇拜你反而会把你变成让人受不了的讨厌鬼。承认这类错觉的危害就是承认自我欺骗的危害,哪怕只是一点点也很危险。从本质上来讲,认为自己比实际上更强大的危害与相信自己天下无敌是一样的。

到底是太自信好还是不自信好?这其实是虚假的积极观点还是虚假的消极观点更好这个问题的另一种问法。[27]当然,后面这个问题是无解的,或者说,答案要视情况而定。如果你要做的是结交新朋友,一般而言,虚假的消极观点（导致你错过友谊）要比虚假的积极观点（乏味的互动）更糟。但在考虑桥梁维护问题时，虚假的积极观点（导致桥梁垮塌）则比虚假的消极观点（过于积极的维护）要糟糕。我们总是有可能设想出太自信更好或者更坏的特殊场景。假设大家都同意二者的作用会因为情况不同而不同，就应该探讨到底是适合太自信的情况更多还是适合不自信的情况更常见。遗憾的是，这是个永远争论不出结果的议题。

我们要做的不是评判太自信和不自信孰优孰劣，而是要找一条不偏不倚的道路。如果你只能拥有一个立场，那么唯一符合理智的可持续的立场就是忠于真理。各种证据都能够证明坚持真理的好处。不过，即便你同意坚持真理才是最好的选择，我们还需要搞清楚，到底要怎么做才能感受到真相。

如何感受真相

当我告诉大家拥有准确信念的好处时，我的目的不是让你对自己的生活感到失望，你完全可以毫无顾忌地感恩自己的好运气，也请你一定要期待美好的未来，享受你所拥有的健康、友情，享受生活赋予你的诸多快乐。无论处境如何，你都可以选择自己对这种处境的感受，你可以且应该选择为自己所拥有的一切感到幸福。相信有更多的钱就能够解决你的所有问题并使你幸福当然是错误的，同样，认为对自己有多少钱（或者未来可能拥有多少钱）形成准确的信念一定会影响你对现状的感受也是错误的。无论你拥有多少，你都可以为拥有这一切而感恩。

前面我曾经提到过我的父亲，他是个彻头彻尾的悲观主义者。在定义乐观主义者和悲观主义者的时候，他引用了詹姆斯·布朗奇·卡贝尔的话："乐观主义者宣称，我们生活在最美好的世界里，而悲观主义者则害怕这是真的。"这个对比体现了积极看待生活到底意味着什么，帮助人们积极看待生活的一种思维方式是想象情况还能有多糟糕。如果现在就是这个世界最好的样子，那么其他所有可能性都会比现在更糟糕。

这其实就是心理学家所说的"下行反事实思维"，形象生动地想象更糟糕的替代性结果能够帮助你对现状感觉良好。事实上，我们总是能想到更糟糕的结果。反过来，我们也总是能想到更好的结果。即便是最幸运的宠儿，那些富有、有名和成功的人，要是他们拿自己跟那些更富有、更出名和更成功的人进行比较，也可能会产生挫败感和无力感。有很多人在取得巨大成功后还是不快乐，最终选择了自杀。即便是在最富裕的国家，自杀也是年轻人死亡的主要原因之一。

我的母亲告诉我，她觉得我在这本书中像戴比·唐纳①一样疯狂打击乐观主义。这很讽刺，因为我的母亲认为我是一个乐观主义者，而且她相信自己这个判断是公正客观的。我觉得母亲这么说太刻薄了，而且我不是乐观主义者。她说她的意思并不是说我总是相信美好的事情会发生，而是我总是试图以积极的心态来解读已经发生的事。我猜我母亲的观点来自德国哲学家戈特弗里德·莱布尼茨。莱布尼茨认为我们生活在所有可以生存的世界中最好的一个之中。[28] 他想象另外那些让人望而却步的世界并感恩我们所拥有的一切有多么美好。

我不得不承认，我的母亲和莱布尼茨的观点是一种非

---

① 戴比·唐纳是美国综艺节目《周六夜现场》2004 年 5 月 1 日播出的那一期中加入的一个女性角色，该角色夸张而又不遗余力地破坏气氛，总在大家的兴头上说一些扫兴的话，然后再做出一副"我也没办法"的苦脸。之后，戴比·唐纳这个角色名就成了这类人的代名词。——译者注

常好的看待生活的方式。我们很容易就能够找到让自己感到幸运的原因,我们生活在一个物质丰富的时代,生活在这个时代的人比之前任何时代的人都更富裕、更健康、受教育程度更高,还享受着前所未有的和平。[29] 我们大多都过着幸福到可以算是奢侈的生活。你不缺食物,事实上,你的碗里每天都装满了来自世界各地的种类丰富的美食;晚上有床榻供你安眠;生病时有受过专业训练的医生来治疗你的疾病;你可以从成千上万的影片和演出中选出你喜欢的那一个来欣赏;互联网将全世界的知识汇集到了你的指尖;你几乎可以乘坐汽车、火车或者飞机去世界上任何地方旅行;你还有足够的时间读这样一本书打发时间。

与此同时,有的人在看到同样的事实时却可能感觉非常糟糕。你可能想要少吃一点、瘦一点;你可能希望自己能够更有钱;你可能会担心自己没有得到最好的医疗卫生服务;你可能会对最新的《星球大战》大失所望;你可能会担心科技公司没有采取足够的措施来保护我们在网络上的隐私;你可能会抱怨飞机座位之间距离太窄,连腿都伸不开;你可能还会想,要是不把时间花在读这本书上,你可以做多少事情。这些让人忧郁的思考都带有"上行反事实思维"色彩——想象你本该拥有多少更好的东西。

很难说清楚到底是乐观评价还是悲观评价更符合实际。在这本书中,我建议你擦亮眼睛、认清事实。之所以提出这样的建议,是因为作为一名心理学家、学者和决策研究者,我认为许多证据都证实了这样做是有益的。坚持实事求是能够帮助你做出更好的决策,帮助你实现自己的理想,无论你的理想是什么。在给出这样的建议时,我无意就你对这些事实的感受指手画脚。不过,既然在面对相同事实的时候,积极或消极的阐释会导致你对生活有着截然不同的感受,那么,在我看来,该选什么显而易见:选择会带来快乐的选项,选择痛苦和悔恨无疑是个错误。

不留遗憾

2008年12月22日,法国金融家、大富豪德拉维莱切特在自己位于纽约的办公室里割腕自杀了。他创办过多家投资公司,还担任法国里昂信贷银行的董事长兼首席执行官。在他自杀的时候,他管理的对冲基金阿塞斯国际资本规模高达30亿美元。德拉维莱切特被伯纳德·麦道夫所提供的稳定而丰厚的投资回报打动,将14亿美元托付给了麦道夫。麦道夫是个非常自信的人,他让有贵族血统的德拉维莱切特非常信服。而当麦道夫的庞氏骗局被揭穿之后,德拉维莱切特受到了极大的打击。[30] 他给自己的兄弟留下了一封遗书,说自己因为被麦道夫欺骗并损失了这么多钱而深感自责和悔恨。[31]

当你冒了风险而最终的结果不尽如人意,感到悔恨是很正常的。此时,进行批判性的反思是明智且有益的做法,正如我在第六章中阐明的。事后分析可以帮助我们认清到底哪里出了问题,并帮助我们了解未来如何避免这样的错误。但事后分析很容易演变成为无法自拔的追悔莫及,让你不断去思考自己本来可以怎么做,就像德拉维莱切特那样。悔恨就是把你之前的不幸变成利刃,切开情感上的伤痕。我们认为自己活该受到这样的折磨,这种自己带给自己的伤痕会让我们更加痛苦,悔恨会把事后分析变成病理性的自我批判。

另外,我还要提醒你避开不自信的流沙陷阱。就算你的发明、你的创意或者你对另外一个人的信任落空了,也并不意味着你本人就是个失败者,从此厄运缠身。如果你能够从失败中学到未来避免发生同类问题的方法,那它其实还是有好处的。不要钻进牛角尖,认为自己应该受到惩罚并从此一蹶不振。自我鞭答有百害而无一利,既不可能帮到你，也不可能让你走向成功，别人更不会因此而同情你，尽量从这些失败中汲取经验教训并避免反应过度才是更恰当的做法。

我最不愿意见到的就是有人把我在这里传递的谦虚和秉承事实的态度错误地解读为令人泄气的悲观主义。事实上，我们每个人都比自己以为的更有能力取得成功、树立理想和享受快乐。打着自我克制的旗号放弃那些辉煌的可能性并不是一种高尚，而是一种悲剧。你可能会发现激动人心的巨大机遇，却不敢尝试。你要严谨地思考那些吓退你的风险，看看该如何防范这些风险。你要计算结果的价值，并选择预期价值最高的做法，即便这种做法存在风险。

另外一个会让我们不自信的原因是我们总是担心世界会变成地狱。民意调查发现，全世界的人都在担心他们的政治家越来越卑劣，本国经济越来越低迷，世界变得越来越不安全。而证据表明，事实恰恰相反。人际暴力导致的死亡案例占比越来越低了。[32] 在全世界范围内，随着经济的发展，民众生活水平不断提高，许多人摆脱了贫困。事实上，由诚实正直的政治家领导的、所有人对重要问题都看法一致的所谓大同世界从来不曾存在过。

适度自信

真正的智慧在于不偏不倚,既不太自信,也不妄自菲薄。我们要接受现实,认清自己到底是谁,自己到底能够做到什么。这类关于自我接纳的阐述有很多。[33] 自我接纳有助于保持心态的平和、镇定,让我们愿意用明亮的双眼和温暖的心来认识这个世界,以及世界中属于我们的那一隅。就算洞悉一切,你还是可以充满善意地对待自己和伙伴们,这与诚实的评价和精准的自信完全可以并行。

我不是第一个宣扬这条中间道路的好处的人。古希腊哲学家苏格拉底就曾经教诲我们,一个人应该"尽可能地择中而行,避免走向两极的任意一端"。[34] 亚里士多德曾经描述了存在于过度与不足之间的"黄金中间道路",又称"黄金平衡点"。古希腊的神话传说也推崇居中不偏,最经典的代表就是代达罗斯和伊卡洛斯的故事。传说为了逃离一座岛屿,代达罗斯给自己和儿子伊卡洛斯各造了一对翅膀。他告诫儿子一定要在半空中飞,既要避开汹涌的海浪,也要避开炽热的太阳。伊卡洛斯并未将父亲的警告放在心上,飞得太靠近太阳了,最后以悲剧收场。而在那个关于英雄主义和胜利的终极故事中,奥德修斯之所以能够摆脱险境，正是因为他能熟练地驾船游走于海妖斯库拉和卡律布狄斯所代表的危险地带之间狭窄的安全地带。

犹太哲学家迈蒙尼提斯建议我们在肉体至上和精神至上之间找到一个平衡点。[35]而《圣经》也告诫我们要适度："你用不着行善过度，也不要自作聪明，何必自取败亡呢？可是，也不可过分作恶或太狂妄，何必早死呢？两个极端都应该避免。"[36]伊斯兰学者伊本·曼祖尔写道："每一种值得褒扬的品质都对应着两个需要被指摘的极端。慷慨是吝啬和奢侈浪费的中间地带。勇气是懦弱和鲁莽的中间地带。避免每一种需要指摘的性格特征是人类的使命。"[37]

对这些古老的哲学建议中蕴藏的真理，我十分敬仰。在这本书的每一页中，我都全心全意支持太自信和不自信之间的中间道路，相信其中博大精深的智慧。尽管如此，要找到中间道路往往很困难。怎么才能确定你到底是过于自我否定了还是过于自我纵容了呢？也许你会通过参考社会规范来找出黄金平衡点，但这样做的问题在于，这个参考依据本身很模糊。我到底应该遵守哪一条社会规范呢？如果我遵守俄罗斯的社会规范而不是沙特阿拉伯的社会规范，就会喝下更多的伏特加。可是，这个世界上最伟大的哲学家们会不会说他们阐释的真理的意义会随时间改变，或者会随着飞机从莫斯科飞到利雅得改变呢？我猜不会。

在此，我愿以极大的谦卑来提供一种找到中间道路的方法，它在调整一个人的信心时应该会很有用。我无法告诉你到底应该喝多少伏特加，但中间道路却简单明了、毫无争议：你应该相信真相。只要这种信念能够增加你成功的概率，你就应该相信自己。如果只要你相信自己可以跨过岩石裂隙、赢得赛跑或者技惊四座，就能够帮助你做到这些事情，那么你无疑应该相信这一点。然而，相信自己纵身一跃就能跳过美洲大峡谷只是妄念，无论你有多自信都改变不了这个事实。

当行动最有可能带来有益的结果时，适度自信会让你具备大胆行动的勇气；当风险过大时，适度自信能让你谨慎行事。如果创业成功的概率很大，你可以创办自己的公司，将一种了不起的新产品商业化；但如果新产品成功的希望渺茫，你还是保住自己薪水稳定的工作为妙。太自信的人会冒很大的风险，许下自己无法兑现的承诺，因为期望过高，一旦失败，会让自己和他人都大失所望。因此，适度自信对你大有裨益，能够帮助你做出明智的选择，选取预期价值最大化的决策并实现最高价值。

在前面的章节中，我一直在努力破除一个错误的观念,即自信只是内心的感觉或者自尊心。事实上,自信是一种能够通过练习掌握的技能。我向你们推荐了许多通过研究得出的调整自信程度和提升自信水平的方法。每当你准确地做出一次个人预测,你自信的基础就会坚实一分。这可以帮助你找到中间道路——自信水平恰到好处的"金发姑娘地带"[①]。中间道路是顺应鼓舞人心的奇妙真相的唯一道路,是太自信与不自信之间的平衡点。它是经过证据证明的,也经得起诚实的自我检讨的考验,它在太自信的悬崖和不自信的流沙陷阱之间游刃有余地游走。要找到它并不容易,因为这需要诚实的反思、冷静理性的分析和拒绝一厢情愿的勇气,但这是一种勇敢且回报丰厚的生活方式。

适度自信有助于良好的人际关系的建立,对专业领域的人际关系以及亲密关系的确立和维系都颇有裨益。伊丽

---

① 所谓金发姑娘地带,源自童话《金发姑娘和三只熊》,常用于天文学领域,指距离恒星既不远也不近的宜居地带。迷了路的金发姑娘未经允许就进入了熊的房子,她尝了3个碗里的粥,试了3把椅子,又试了3张床,最后她认为:当碗里的粥不太凉也不太热时,喝起来最可口;当椅子不高也不矮时,坐着最舒服;当床的大小适中时,躺着最惬意。金发姑娘这种凡事有度、不逾越的原则被称为金发姑娘原则。——译者注

莎白·坦尼和斯明·瓦兹合作完成的一项研究表明，准确的自我认识可以帮助你同朋友、家人和爱人建立最健康的关系。[38]伊莱·芬克尔研究了婚姻成功的奥秘。他的建议是努力做到准确的理解："了解你自己，了解你的伴侣，了解你们两个人之间互动的状况，然后相应地调节你的期待值。"[39]这种精准的自我认识是保持刚刚好的信心的基础。

适度自信还对整个社会有益。建立在谎言、错觉和对教条主义意识形态无条件忠诚基础上的社会是最不正常的、最具破坏性的社会。用历史学家尤瓦尔·赫拉利的话来讲就是："现代历史表明，勇敢的人建立的社会勇于承认自己的无知并提出问题，与那些每个人都毫不怀疑地接受一个答案的社会相比，这样的社会不但更加繁荣，还更加平和。"[40]多元主义民主能够带来惊人的社会、经济、科技进步。[41]从长远来看，以市场经济为基础的民主社会能够变得更具包容性、更繁荣、更健康也更和平，尽管在这样的社会，人们会为了到底什么才是最优的公共政策、什么才是好的社会的本质展开了激烈的公开辩论和热烈的争论。

对于社会、组织、群体和个人而言，完美只是个传说。完美是一个值得努力争取的目标，寻找中间道路就是努力追求完美。这个过程需要勇气，因为真相总是很难被发现的,看到真相也不总是令人愉快的。适度自信的情况并不常见,要做到这一点,你必须了解自己。你要清楚自己的极限在哪里,认清什么样的机会不值得争取。你要根据自己所知道的事情自信地行动,即便这意味着你需要明确表达立场、与人打赌或者为某个不受欢迎的观点仗义执言。你还需要主动考虑自己犯错误的可能性,尊重证据,及时改变想法。你要兼具勇气和谦逊,保持适度自信。

致　谢

本书是在我一直以来对自信的研究的基础上撰写的。很多研究工作都是同他人合作完成的，我的合作者、学生、导师和指导者都对我助益良多。他们是珍妮弗·洛格、伊丽莎白·坦尼、德里克·沙茨、尤里尔·哈伦、山姆·斯威夫特、戴连·凯恩、内特·米克尔、弗朗西斯卡·吉诺、扎克·沙里克、卡梅伦·安德森、杰西卡·肯尼迪、菲尔·泰特洛克、芭芭拉·梅勒斯、丹·本杰明、马修·拉宾、苏尼塔·萨赫、罗伯特·麦考恩、特里·默里、韦尔顿·张、帕维尔·阿塔纳索夫等。不过，更需要感谢的还是我在卡内基－梅隆大学做第一份研究时的导师乔治·罗文斯坦，是他鼓励我听从内心的直觉，继续深入探索这个选题下非常丰富的领域，是这条学术道路成就了我的事业。在此，还请允许我将最诚挚的感谢献给我的博士生导师马克斯·巴泽曼。我渴望能够成为一个像马克斯一样厉害的科学家、睿智的导师和高尚的人。

说到感谢，不得不提的是我在加州大学伯克利分校的同事们，特别是利夫·纳尔逊、埃伦·埃弗斯、克莱顿·克里彻、朱莉安娜·施罗德、塞韦林·博朗斯坦、德鲁·雅各比-桑格尔、萨米尔·斯里瓦斯塔瓦、安德鲁·罗斯、巴里·施瓦茨、内德·奥根布利克、马蒂克斯·德·瓦恩、劳拉·克赖、珍妮·查特曼、托比·斯图尔特、德纳·卡尼，还有阿兰·凯塞鲁。他们让我每天的工作意趣盎然，他们为严谨的治学态度和高质量的学术研究树立了极高的标准。我努力达到他们设定的高标准。在此，我要特别感谢斯里瓦斯塔瓦和巴里，他们审阅了本书的第一份完整初稿，并在深思熟虑之后提供了许多真知灼见。

我还要向我的学生和研究团队表达谢意，他们曾经或者正服务于我在加州大学伯克利分校的实验室。他们是阿米莉亚·德夫、施利亚·阿格拉瓦尔、克里斯蒂娜·凯尔、玛丽·福特、阿迪蒂亚·科塔克、叶卡捷琳娜·贡切洛娃、悉尼·梅斯、肖恩·西尼斯加利、马亚·沈、科迪·斯特罗尔、米切尔·翁、温妮·严和安德鲁·郑。其中，最需要感谢的是我的实验室经理阿米莉亚·德夫，我非常幸运能够有这么优秀的实验室经理。

如果没有他们的付出，本书就不可能完成。首先，我必须要感谢经纪人马戈·弗莱明不断的鼓励和耐心的支持。她在我放弃这本书之后又说服我重新开始写它。她在我自己都没有信心的时候选择相信我。在这整个过程中，马戈是我的支持者、导师和顾问，她让创作的过程变得愉快。我经常会纳闷她是不是对我和这本书的前景太自信了。

我找不到比哈珀·柯林斯出版社集团的霍利斯·海姆鲍奇更优秀的编辑了。每一次我以为她会让我放弃自己所写的所有东西从头再来的时候，她都如及时雨一般给予我热情的鼓励和温和的指导。我永远都感谢她对我的信心和她为这本书的投入，希望她和马戈对本书抱有的信心不会被辜负。

我还要向我的家人献上最真诚的感谢。我的母亲教会我如何看待乐观、快乐和自信的不同层面。我的父亲也在很多方面为这本书的写作提供了灵感。因为，他本身就是说明悲观、谨小慎微和不自信需要付出代价的现实代表。他错过了人生中的许多乐趣、回报和惊喜，只因为他害怕任何可能造成悲剧的风险。他的经历为这本书提供了很多实例，我想念他和他的黑色幽默。

  爱妻萨拉还有我们的孩子乔希和安迪让我的生命变得圆满。他们让我在消沉的时候重拾信心，也让我在自以为是的时候及时认清现实。青春期的少年对于打击自以为了不起尤其在行。

于美国加利福尼亚州伯克利

2019 年 7 月

注 释

前言
1. 以防你不了解学界围绕自信的身体语言进行的探讨,在此我要提醒各位,这方面研究之初的一些发现并没有被很好地复制。当实验者要求你摆出自信的、豪爽的姿态的时候,这种姿态并不会改变激素水平。不过,你可能因此而告诉实验人员说你觉得自己更加自信了。没有任何实验证明这样做能够增强你躲避子弹和驾驶隐形飞机的能力。Joseph P. Simmons and Uri Simonsohn, "Power Posing: P-Curving the Evidence," *Psychological Science* 28, no. 5 (March 20, 2017): 687–93, https://doi.org/10.1177/0956797616658563.
2. (*Oxford Dictionary of Quotations*, 8th ed. [New York: Oxford University Press, 2014], s.v. "Duchess of Windsor"). 太瘦和太自信都很危险。
3. *Complete Works of Aristotle*, Jonathan Barnes, ed., vol. 2, *The Revised Oxford Translation* (Princeton, NJ: Princeton University Press, 2014).

4 Theodore Roosevelt, *The Works of Theodore Roosevelt* (New York: Charles Scribner's Sons, 1906).

第一章　什么是自信

1 Ashlee Vance, *Elon Musk: Tesla, SpaceX, and the Quest for a Fantastic Future* (New York: HarperCollins, 2015).

2 Mathew L. A. Hayward, William R. Forster, Saras D. Sarasvathy, and Barbara L. Fredrickson, "Beyond Hubris: How Highly Confident Entrepreneurs Rebound to Venture Again," *Journal of Business Venturing* 25, no. 6 (2010): 569–78.

3 Jack L. Howard and Gerald R. Ferris, "The Employment Interview Context: Social and Situational Influences on Interviewer Decisions," *Journal of Applied Social Psychology* 26, no. 2 (1996): 112–36.

4 Harold M. Zullow and Martin E. P. Seligman, "Pessimistic Rumination Predicts Defeat of Presidential Candidates, 1900 to 1984," *Psychological Inquiry* 1, no. 1 (1990): 52–61.

5 Tomas Chamorro-Premuzic, *Confidence: Overcoming Low Self-Esteem, Insecurity, and Self-Doubt* (London: Penguin, 2013).

6 Khadrice Rollins, "What Is the Origin of LeBron James's Chosen One Tattoo?," *Sports Illustrated*, May 30, 2018, https://www.si.com/nba/2018/05/30/origin-lebron-james-chosen-1-tattoo.

7 Kate Samuelson, "Tesla Has Tons of Problems and Elon Musk Says He's Sleeping at the Factory to Fix Them," *Fortune*, April 3, 2018, https://fortune.com/2018/04/03/elon-musk-sleeping-tesla-factory/.

8 Don A. Moore, Elizabeth R. Tenney, and Uriel Haran, "Over-

precision in Judgment," in *Handbook of Judgment and Decision Making*, ed. George Wu and Gideon Keren (New York: Wiley, 2015), 182–212.

9   Christopher F. Chabris and Daniel J. Simons, *The Invisible Gorilla* (New York: Crown, 2010).

10 Jennifer M. Talarico and David C. Rubin, "Confidence, Not Consistency, Characterizes Flashbulb Memories," *Psychological Science* 14, no. 5 (2003): 455–61.

11 U.S. and World Population Clock, U.S. Census Bureau, https://www.census.gov/popclock/.

12 "The Wright Brothers: The First Successful Airplane," Smithsonian National Air and Space Museum, https://airandspace.si.edu/exhibitions/wright-brothers/online/fly/1903/.

13 Malcolm Gladwell, "Creation Myth," *New Yorker*, July 6, 2017, https://www.newyorker.com/magazine/2011/05/16/creation-myth.

14 Becky Oskin, "Mariana Trench: The Deepest Depths," *LiveScience*, December 6, 2017, https://www.livescience.com/23387-mariana-trench.html.

15 Tesla, Inc, *Tesla Fourth Quarter & Full Year 2018 Update*, https://ir.tesla.com/static-files/0b913415-467d-4c0d-be4c-9225c2cb0ae0.

16 Noble Media AB 2019, "Daniel Kahneman— Facts," NobelPrize.org, https://www.nobelprize.org/prizes/economic-sciences/2002/kahneman/facts/.

17 Andrew Ross Sorkin and Jeremy W. Peters, "Google to Acquire YouTube for $1.65 Billion," *New York Times*, October 9, 2006,

https://www.nytimes.com/2006/10/09/business/09cnd-deal.html.

18　NBA Media Ventures, LLC, "LeBron James," NBA Stats, https://stats.nba.com/player/2544/.

19　Robert D. Richardson, *William James: In the Maelstrom of American Modernism* (New York: Houghton Mifflin, 2007).

20　World Heritage Encyclopedia, "List of Honors Received by Maya Angelou," http://self.gutenberg.org/articles/list_of_honors_received_by_maya_angelou.

21　Scott Plous, *The Psychology of Judgment and Decision Making*, McGraw-Hill Series in Social Psychology (New York: McGraw-Hill, 1993).

22　Daniel Kahneman, *Thinking, Fast and Slow* (New York: Farrar, Straus and Giroux, 2011).

23　Max H. Bazerman and Don A. Moore, *Judgment in Managerial Decision Making*, 8th ed. (New York: Wiley, 2013).

24　Werner F. M. De Bondt and Richard H. Thaler, "Financial Decision-Making in Markets and Firms: A Behavioral Perspective," in *Finance, Handbooks in Operations Research and Management Science*, ed. Robert A. Jarrow, Voijslav Maksimovic, and William T. Ziemba, vol. 9 (North Holland, Amsterdam: Elsevier, 1995), 385–410.

25　Dominic D. P. Johnson, *Overconfidence and War: The Havoc and Glory of Positive Illusions* (Cambridge, MA: Harvard University Press, 2004).

26　Michael Lewis, *The Big Short* (New York: Simon & Schuster, 2015).

27 Alex Blumberg and Adam Davidson, "The Giant Pool of Money," *This American Life*, May 9, 2008, https://www.thisamericanlife.org/355/the-giant-pool-of-money.

28 Cyrus Sanati, "Prince Finally Explains His Dancing Comment," *New York Times*, DealBook, https://dealbook.nytimes.com/2010/04/08/prince-finally-explains-his-dancing-comment/.

29 Barry Ritholtz, "Putting an End to Wall Street's 'I'll Be Gone, You'll Be Gone' Bonuses," *Washington Post*, March 12, 2011, https://www.washingtonpost.com/business/putting-an-end-to-wall-streets-ill-be-gone-youll-be-gone-bonuses/2011/03/08/ABDjpJS_story.html.

30 Justin Kruger, "Lake Wobegon Be Gone! The 'Below-Average Effect' and the Egocentric Nature of Comparative Ability Judgments," *Journal of Personality and Social Psychology* 77, no. 2 (1999): 221–32.

31 Justin Kruger and Kenneth Savitsky, "On the Genesis of Inflated (and Deflated) Judgments of Responsibility: Egocentrism Revisited," *Organizational Behavior & Human Decision Processes* 108, no. 1 (2009): 972–89, https://doi.org/10.1016/j.obhdp.2008.06.002.

32 J. Meacham, *Thomas Jefferson: The Art of Power*(New York: Random House, 2012).

33 Josh Jones, "John Steinbeck Has a Crisis in Confidence While Writing *The Grapes of Wrath*," Open Culture, 2017, http://www.openculture.com/2017/07/john-steinbeck-has-a-crisis-in-confidence-while-writing-the-grapes-of-wrath.html.

34 Sanyin Siang, "Got The Imposter Syndrome? Here Are 3 Strategies For Dealing With It," *Forbes*, April 17, 2017, https://www.forbes.com/sites/sanyinsiang/2017/04/17/impostersyndrome/#49880cc3e5fe.

35 Abel Riojas, "Jodie Foster, Reluctant Star," *60 Minutes*, July 12, 1999, https://www.cbsnews.com/news/jodie-foster-reluctant-star-07-12-1999/.

36 Pauline Rose Clance and Suzanne Ament Imes, "The Imposter Phenomenon in High Achieving Women: Dynamics and Therapeutic Intervention," *Psychotherapy: Theory, Research & Practice* 15, no. 3 (1978): 241.

37 Katty Kay and Claire Shipman, *The Confidence Code: The Science and Art of Self-Assurance—What Women Should Know* (New York: Harper-Collins, 2014).

38 Francis J. Flynn and Rebecca L. Schaumberg, "When Feeling Bad Leads to Feeling Good: Guilt-Proneness and Affective Organizational Commitment," *Journal of Applied Psychology* 97, no. 1 (2012): 124.

39 Caroline Hoxby and Christopher Avery, "The Missing 'One-Offs': The Hidden Supply of High-Achieving, Low-Income Students," *Brookings Papers on Economic Activity* 2013, no. 1 (Spring 2013), https://doi.org/10.1353/eca.2013.0000.

40 David Leonhardt, "Better Colleges Failing to Lure Talented Poor," *New York Times*, March 16, 2013, https://www.nytimes.com/2013/03/17/education/scholarly-poor-often-overlook-better-colleges.html.

41 Hugh Howey, "I Suck at Writing," hughhowey.com, February 4, 2014, http://www.hughhowey.com/i-suck-at-writing/.

42 David Rakoff, *Half Empty* (New York: Doubleday, 2010), 59.

43 "William James," Harvard University Department of Psychology, https://psychology.fas.harvard.edu/people/william-james.

44 Ernest Jones, *The Life and Work of Sigmund Freud* (New York: Basic Books, 1961).

45 Kendra Cherry, "William James Biography (1842–1910)," Very Well Mind, 2018, https://www.verywellmind.com/william-james-biography-1842-1910-2795545.

46 Ralph Barton Perry, *The Thought and Character of William James: As Revealed in Unpublished Correspondence and Notes, Together with His Published Writings* (Oxford, England: Little, Brown, 1935).

47 William James, "Some Reflections on the Subjective Method," in *Essays on Philosophy: The Works of William James* (Cambridge, MA: Harvard University Press, 1978).

48 Lien B. Pham and Shelley E. Taylor, "From Thought to Action: Effects of Process-versus Outcome-Based Mental Simulations on Performance," *Personality and Social Psychology Bulletin* 25, no. 2 (1999): 250–60.

49 Shelley E. Taylor et al., "Harnessing the Imagination: Mental Simulation, Self-Regulation, and Coping," *American Psychologist* 53, no. 4 (1998): 429–39.

50 Philip M. Merikle, "Subliminal Auditory Messages: An Evaluation," *Psychology and Marketing* 5, no. 4 (Decem-

ber 1, 1988): 355–72, https://doi.org/10.1002/mar.4220050406.

51　Proverbs 16:18 (King James Version).

52　Jeffrey B. Vancouver, Kristen M. More, and Ryan J. Yoder, "Self-Efficacy and Resource Allocation: Support for a Nonmonotonic, Discontinuous Model," *Journal of Applied Psychology* 93, no. 1 (2008): 35–47, https://doi.org/10.1037/0021-9010.93.1.35.

53　Jeffrey B. Vancouver et al., "Two Studies Examining the Negative Effect of Self-Efficacy on Performance," *Journal of Applied Psychology* 87, no. 3 (2002): 506–16.

54　Gabriele Oettingen, "Positive Fantasy and Motivation," in *The Psychology of Action: Linking Cognition and Motivation to Behavior*, ed. Peter M. Gollwitzer and John A. Bargh (New York: Guilford, 1996), 236–59.

55　Michael Raynor, *The Strategy Paradox: Why Committing to Success Leads to Failure (and What to Do about It)* (New York: Crown Business, 2007).

56　Polly Young-Eisendrath, *The Self-Esteem Trap: Raising Confident and Compassionate Kids in an Age of Self-Importance* (New York: Little, Brown, 2008).

57　Vance, *Elon Musk*.

第二章　我怎么可能错呢

1　1 Thessalonians 4:16–17 (King James Version).

2　Michael Gryborski, "Tribute to Harold Camping on Family Radio Network Leaves Out Any Mention of His End Times Prophecies," *Christian Post*, December 30, 2013, https://www.christianpost.

com/news/tribute-to-harold-camping-on-family-radio-network-leaves-out-any-mention-of-his-end-times-prophecies-111693/.

3 *Judgment Day*, Family Radio, archived from the original on June 8, 2011, https://web.archive.org/web/20110608223300/http://www.familyradio.com/graphical/literature/judgment/judgment.html.

4 "Harold Camping Interview (Judgement Day)," YouTube video, posted by "BibleandScience2," April 12, 2011, https://www.youtube.com/watch?v=rlWlcU7UvpU.

5 Ned Augenblick et al., "The Economics of Faith: Using an Apocalyptic Prophecy to Elicit Religious Beliefs in the Field," *Journal of Public Economics* 141 (2016): 38–49.

6 Joshua Klayman and Young-won Ha, "Confirmation, Disconfirmation, and Information in Hypothesis Testing," *Psychological Review* 94, no. 2 (1987): 211–28.

7 Mark Snyder and William B. Swann Jr., "Hypothesis-Testing Processes in Social Interaction," *Journal of Personality and Social Psychology* 36, no. 11 (1978): 1202–12.

8 "Find the Nearest Stations," Family Radio, accessed September 29, 2019, https://www.familyradio.org/stations/.

9 "Road Traffic Injuries," World Health Organization, December 7, 2018, https://www.who.int/news-room/fact-sheets/detail/road-traffic-injuries.

10 Forbes, "Jeff Bezos," *Forbes,* https://www.forbes.com/profile/jeff-bezos/#2dbb1b171b23.

11 British Library, "Execution of Charles I," The British Library

12 "September 11 Terror Attacks Fast Facts," CNN, October 22, 2019, https://www.cnn.com/2013/07/27/us/september-11-anniversary-fast-facts/index.html.

13 Amazon, *Annual Report to Shareholders*, 2018, https://ir.aboutamazon.com/static-files/0f9e36b1-7e1e-4b52-be17-145dc9d8b5ec.

14 "Cromwell's Health and Death," The Cromwell Association, http://www.olivercromwell.org/wordpress/?page_id=1757.

15 Abraham Wasserstein, ed., *Flavius Josephus: Selections from His Works* (New York: Viking Press, 1974), 186–300.

16 Tom Huddleston Jr., "Billionaire Ray Dalio Says This Is How to Be 'Truly Successful,'" CNBC, August 22 2019, https://www.cnbc.com/2019/08/22/bridgewater-associates-ray-dalio-how-to-be-truly-successful.html.

17 Peter Stanford, "How Many Saints Are There?," *Guardian*, May 13, 2013, https://www.theguardian.com/world/shortcuts/2013/may/13/pope-francis-how-many-saints.

18 在被要求进行90%置信区间估算的时候，人们通常不会注意5%和95%的具体数据，而是估算出一个可能的区间并给出该区间的上限和下限。差不多相当于是25%概率和75%概率的位置。Karl Halvor Teigen and Magne Jørgensen, "When 90% Confidence Intervals Are 50% Certain: On the Credibility of Credible Intervals," *Applied Cognitive Psychology* 19, no. 4 (2005): 455–75.

19 Craig R. Fox and Amos Tversky, "A Belief-Based Account of

Decision under Uncertainty," *Management Science* 44, no. 7 (1998): 879–95, https://doi.org/10.1287/mnsc.44.7.879.

20 "Health Statistics and Information Systems," World Health Organiza-tion, 2018, http://www.who.int/healthinfo/global_burden_disease/estimates/en/index1.html.

21 John A. Bargh, Mark Chen, and Lara Burrows, "Automaticity of Social Behavior: Direct Effects of Trait Construct and Stereotype Activation on Action," *Journal of Personality and Social Psychology* 71, no. 2 (August 1996): 230–44, https://doi.org/10.1037/0022-3514.71.2.230.

22 Stéphane Doyen et al., "Behavioral Priming: It's All in the Mind, but Whose Mind?," *PLoS ONE* 7, no. 1 (January 18, 2012): e29081, https://doi.org/10.1371/journal.pone.0029081.

23 Karl Popper, *The Poverty of Historicism* (Boston: Beacon Press, 1957).

24 Charles G. Lord, Mark R. Lepper, and Elizabeth Preston, "Considering the Opposite: A Corrective Strategy for Social Judgment," *Journal of Personality and Social Psychology* 47, no. 6 (1984): 1231–43.

25 Oliver Cromwell, "Letters and Speeches—Letter 129," The Cromwell Association, http://www.olivercromwell.org/wordpress/?page_id=2303#letters.

26 Francis Bacon, *The New Organon*, Cambridge Texts in the History of Philosophy (Cambridge, UK: Cambridge University Press, 2000). First published 1620.

27 历史学家们认为，退守堡垒的只是奋锐党人中的一小部分激进分子，他们被称为西卡里人，又称短刀党人。他们躲在马萨达山区，其头领梅纳汉·本·犹大号称自己是犹太人的弥赛亚，能够带领犹太人摆脱压迫并引领新世界的到来。但在这群人逃入马萨达山区之前，犹大就在同另外一位奋锐党首领伊莱萨争夺领导权的时候失败身死了。

28　Bertrand Russell, "The Triumph of Stupidity," in *Mortals and Others:American Essays, 1931–1935, Volumes 1 and 2* (New York: Routledge, 2009).

29　Kathryn Schulz, *Being Wrong* (New York: Ecco, 2010).

30　关于这个问题，可以参考李·罗斯和安德鲁·沃德对朴实实在论的论述。正是这种思维方式导致我们相信自己的信念和观点是最理性、最符合逻辑和最站得住脚的。"Naive Realism in Everyday Life: Implications for Social Conflict and Misunderstanding," in *Values and Knowledge*, ed. E. Reed, E. Turiel, and T. Brown (Hillsdale, NJ: Lawrence Erlbaum Associates, 1996), 103–35.

31　Jean M. Twenge and W. Keith Campbell, *The Narcissism Epidemic: Living in the Age of Entitlement* (New York: Atria Books, 2010).

32　E. J. Mundell, "U.S. Teens Brimming With Self-Esteem," MedicineNet.com, 2008, https://www.medicinenet.com/script/main/art.asp?articlekey=94175.

33　Don A. Moore, Ashli Carter, and Heather H. J. Yang, "Wide of the Mark: Evidence on the Underlying Causes of Overprecision in Judgment," *Organizational Behavior and Human Decision Processes* 131 (2015):110–20.

34 Uriel Haran, Don A. Moore, and Carey K. Morewedge, "A Simple Remedy for Overprecision in Judgment," *Judgment and Decision Making* 5, no. 7 (2010): 467–76.

35 "Leadership Principles," Amazon-Jobs, 2018, https://www.amazon.jobs/principles.

36 Taylor Soper, "'Failure and Innovation Are Inseparable Twins': Amazon Founder Jeff Bezos Offers 7 Leadership Principles," *GeekWire*, October 28, 2016, https://www.geekwire.com/2016/amazon-founder-jeff-bezos-offers-6-leadership-principles-change-mind-lot-embrace-failure-ditch-powerpoints/.

37 "Leadership Principles."

38 *The Catholic Encyclopedia* (New York: Robert Appleton Company,1911), s.v. "Promotor Fidei," http://www.newadvent.org/cathen/12454a.htm.

39 David Gibson, "Does Being Pope Give You an Inside Track to Sainthood?," Religion News Service, April 23, 2014, https://religionnews.com/2014/04/23/analysis-does-being-pope-give-you-an-inside-track-to-sainthood/.

40 "How Do You Become a Saint? What to Know about Canonization," NBC News, April 25, 2014, https:// www.nbcnews.com/storyline/new-saints/how-do-you-become-saint-what-know-about-canonization-n89846.

41 James Surowiecki, *The Wisdom of Crowds* (New York: Random House, 2005).

42 Jack B. Soll and Richard P. Larrick, "Strategies for Revising Judgment: How (and How Well) People Use Others' Opinions,"

Journal of Experimental Psychology: Learning, Memory, & Cognition 35, no. 3 (2009): 780–805.

43 "Leadership Principles," AmazonJobs, 2018, https://www.amazon.jobs/principles.

44 2015年，伯克利的校友们对砍伐一座大型乡村公园里的桉树的计划表示抗议。校友们担心他们在公园以外的地方进行抗议大家根本就不会注意到他们。因此，他们在伯克利校园里集合，脱光衣服拥抱桉树。Tracey Taylor, "In Berkeley, Protesters Get Naked to Try to Save Trees," *Berkeleyside* (blog), July 18, 2015, https://www.berkeleyside.com/2015/07/18/in-berkeley-protesters-strip-naked-to-try-to-save-trees.

45 Personal communication with the author, August 10, 2010.

46 Al Franken, *Al Franken, Giant of the Senate* (New York: Twelve, 2017).

47 Jane Mayer, "The Case of Al Franken," *New Yorker*, July 22, 2019.

第三章　可能发生什么

1 John Robert McMahon, *The Wright Brothers: Fathers of Flight* (Boston: Little, Brown, 1930).

2 "The World's Largest Chemical Companies," WorldAtlas, accessed September 15, 2019, https:// www.worldatlas.com/articles/which-are-the-world-s-largest-chemicalproducing-companies.html.

3 点预测法就是对一个不确定数量做出的简单的数值估计。在产品销量预测中，使用点预测法就是试图用一个数字来代表一系列可能的销售量。

4　Baruch Fischhoff and Wändi Bruine de Bruin, "Fifty-Fifty= 50%?," *Journal of Behavioral Decision Making* 12, no. 2 (1999): 149–63.

5　Susan S. Witte et al., "Lack of Awareness of Partner STD Risk among Heterosexual Couples," *Perspectives on Sexual and Reproductive Health* 42, no. 1 (2010): 49–55.

6　Seth C. Kalichman and Dena Nachimson, "Self-Efficacy and Disclosure of HIV-Positive Serostatus to Sex Partners.," *Health Psychology* 18, no. 3 (1999): 281; Michael D. Stein et al., "Sexual Ethics: Disclosure of HIV-Positive Status to Partners," *Archives of Internal Medicine* 158, no. 3 (1998): 253–57.

7　"HIV Risk Behaviors," US Centers for Disease Control and Prevention, HIV/AIDS, 2018, https://www.cdc.gov/hiv/risk/estimates/riskbehaviors.html; Pragna Patel et al., "Estimating Per-Act HIV Transmission Risk: A Systematic Review," *Aids* 28, no. 10 (2014): 1509–19.

8　"Lifetime Risk of Developing or Dying from Cancer," American Cancer Society, accessed May 17, 2018, https://www.cancer.org/cancer/cancer-basics/lifetime-probability-of-developing-or-dying-from-cancer.html.

9　Fischhoff and De Bruin, "Fifty-Fifty = 50%?"

10　Daniel Kahneman and Amos Tversky, "Prospect Theory: An Analysis of Decision under Risk," *Econometrica* 47, no. 2 (March 1979): 263–92. In fairness, this figure does not look exactly like the one from their paper.

11　Union of Concerned Scientists,*The Climate Accountability*

  Scorecard (2018) (Cambridge, MA: Union of Concerned Scientists, 2018), accessed July 16, 2019, https://www.ucsusa.org/climate-accountability-scorecard-2018.

12 Don A. Moore and Deborah A. Small, "When It's Rational for the Majority to Believe That They Are Better than Average," in *Rationality and Social Responsibility: Essays in Honor of Robyn M. Dawes*, ed. Joachim I. Krueger (Mahwah, NJ: Lawrence Erlbaum Associates, 2008), 141–74.

13 "Powerball Game Information," Pennsylvania Lottery, numbers games, February 2003, http://www.palottery.com/lottery/cwp/view.asp?a=3&q=457089&lotteryNav=%7C29736%7C.

14 Richard E. Ferdig, *Society, Culture, and Technology: Ten Lessons for Educators, Developers, and Digital Scientists* (Pittsburgh: ETC Press, 2018).

15 Dealbook, "Google to Buy YouTube for $1.65 Billion in Stock," *New York Times*, October 9, 2006, https://dealbook.nytimes.com/2006/10/09/google-to-buy-youtube-for-165-billion-in-stock/.

16 Grant Eizikowitz, "How to Get a Billion Views on YouTube," *Business In-sider*, 2018, http://www.businessinsider.com/how-to-get-billion-views-viral-hit-youtube-2018-4.

17 This list of collaborators includes Tom Wallsten, Joe Tidwell, Sam Swift, Terry Murray, Emile Servan-Schreiber, Jenn Logg, Welton Chang, Pavel Atanasov, Jason Dana, Liz Tenney, Jonathan Baron, Lyle Ungar, and others.

18 Philip E. Tetlock, *Expert Political Judgment: How Good Is It? How Can We Know?* (Princeton, NJ: Princeton University Press,

19 Barbara A. Mellers et al., "Psychological Strategies for Winning a Geopolitical Forecasting Tournament," *Psychological Science* 25, no. 5 (2014): 1–10, https://doi.org/10.1177/0956797614524255.

20 Pierre-Simon Laplace, *A Philosophical Essay on Probabilities* (New York: Wiley, 1825).

21 Dan Ma, "One Gambling Problem That Launched Modern Probability Theory," *Introductory Statistics* (blog), November 12, 2010, https://introductorystats.wordpress.com/2010/11/12/one-gambling-problem-that-launched-modern-probability-theory/.

22 Annie Duke, *Thinking in Bets* (New York: Penguin, 2018).

23 Robert M. Guion and Scott Highhouse, *Essentials of Personnel Assessment and Selection* (Mahwah, NJ: Lawrence Erlbaum Associates, 2006).

24 更好的评价方法包括对候选人的能力进行客观性测试和结构化面试。在结构化面试中，每一位被面试者与面试官面谈的顺序是固定的，而且每位面试官向面试者提出的问题也是相同的。这些问题应该能够测试出面试者与被申请职位所需能力的匹配程度。最后，根据面试者的表现给每一个回答打分。Don A. Moore, "How to Improve the Accuracy and Reduce the Cost of Personnel Selection," *California Management Review* 60, no. 1 (August 7, 2017): 8–17, https://doi.org/10.1177/0008125617725288.

25 "Major League Baseball Player Stats," MLB.com 2019, http://mlb.mlb.com/stats/sortable.jsp.

26 Mikhail Averbukh, Scott Brown, and Brian Chase, "Baseball

Pay and Performance" (unpublished manuscript, 2015), https://docplayer.net/9999190-Baseball-pay-and-performance.html.

27 Erin Nyren, "'The Price Is Right' Contestant Breaks Plinko Record, Loses Mind," *Variety*, 2017, https://variety.com/2017/tv/news/the-price-is-right-plinko-record-1202445944/.

28 Don A. Moore, Ashli Carter, and Heather H. J. Yang, "Wide of the Mark: Evidence on the Underlying Causes of Overprecision in Judgment," *Organizational Behavior and Human Decision Processes* 131 (2015): 110–20.

第四章　会糟糕到什么地步

1 这些分析的前提是风险中性，这是最明智的对待风险的态度。Matthew Rabin and Max Bazerman, "Fretting about Modest Risks Is a Mistake," *California Management Review* 61, no. 3 (2019): 34–48. 然而，人的直觉会让我们因为任意的或者无规范相关性的考虑而产生强烈的风险偏好。在面对收益时会出现风险厌恶偏好，在面对损失时会出现风险追逐偏好。Daniel Kahneman and Amos Tversky, "Prospect Theory: An Analysis of Decision under Risk," *Econometrica* 47, no. 2 (1979): 263–91. 如果把马克斯的保险条款同找到合适的工作进行对比，这就是损失；如果把马克斯的保险条款同找到工作进行对比，这就代表着收益。聪明的做法就是采取风险中性的态度以避免产生上述偏见。

2 Cade Massey, Joseph P. Simmons, and David Armor, "Hope over Experience: Desirability and the Persistence of Optimism," *Psychological Science* 22, no. 2 (2011): 274–81; Joseph P. Simmons

and Cade Massey, "Is Optimism Real?," *Journal of Experimental Psychology: General* (November 2012): 630–34, https://doi.org/10.1037/a0027405.

3　Brian Palmer, "Why Are There Democratic and Republican Pollsters?," *Slate*, April 23, 2012, http://www.slate.com/articles/news_and_politics/explainer/2012/04/partisan_polling_why_are_there_democratic_and_republican_pollsters_.html.

4　Kate Pickert, "Yahoo! CEO Jerry Yang," *Time*, November 19, 2008, http://content.time.com/time/business/article/0,8599,1860424,00.html.

5　Pickert, "Yahoo! CEO."

6　"Yahoo! Investor Presentation Details Financial Plan," Business Wire, March 18, 2008, https://www.businesswire.com/news/home/20080318005764/en/Yahoo%21-Investor-Presentation-Details-Financial-Plan.

7　David A. Armor, Cade Massey, and Aaron M. Sackett, "Prescribed Optimism: Is It Right to Be Wrong about the Future?," *Psychological Science* 19 (2008): 329–31.

8　Rhonda Byrne, *The Secret* (New York: Simon & Schuster, 2006), 92.

9　Harold M. Zullow, Gabriele Oettingen, Christopher Peterson, and Martin E. P. Seligman, "Pessimistic Explanatory Style in the Historical Record: CAVing LBJ, Presidential Candidates, and East versus West Berlin," *American Psychologist* 43, no. 9 (1988): 673.

10　Joanne V. Wood, Shelley E. Taylor, and Rosemary R. Lichtman,

"Social Comparison in Adjustment to Breast Cancer," *Journal of Personality and Social Psychology* 49, no. 5 (1985): 1169–83.

11 Pia Arenius and Maria Minniti, "Perceptual Variables and Nascent Entrepreneurship," *Small Business Economics* 24, no. 3 (April 1, 2005): 233–47, https://doi.org/10.1007/s11187-005-1984-x.

12 Pamela S. Highlen and Bonnie B. Bennett, "Psychological Characteristics of Successful and Nonsuccessful Elite Wrestlers: An Exploratory Study," *Journal of Sport and Exercise Psychology 1*, no. 2 (1979): 123–37.

13 Tomas Chamorro-Premuzic, *Confidence: Overcoming Low Self-Esteem, Insecurity, and Self-Doubt* (London: Penguin, 2013).

14 "30 of Muhammad Ali's Best Quotes," *USA Today*, June 3, 2016, https://www.usatoday.com/story/sports/boxing/2016/06/03/muham mad-ali-best-quotes-boxing/85370850/.

15 Frank Abagnale, *Catch Me If You Can* (New York: Broadway Books, 2000).

16 Elizabeth R. Tenney, Jennifer M. Logg, and Don A. Moore, "(Too) Optimistic about Optimism: The Belief That Optimism Improves Performance," *Journal of Personality and Social Psychology* 108, no. 3 (2015): 377–99, https://doi.org/10.1037/pspa0000018.

17 Jennifer S. Lerner et al., "Effects of Fear and Anger on Perceived Risks of Terrorism: A National Field Experiment," *Psychological Science* 14, no. 2 (2003): 144–50.

18 Alvin Chang, "Americans' Sustained Fear from 9/11 Has Turned into Something More Dangerous," *Vox*, September 11, 2017, https: //www.vox.com/2016/9/9/12852226/fear-witches-terrorists.

19 Daniel Trotta, "Iraq War Costs U.S. More than $2 Trillion," Reuters, March 14, 2013, https://www.reuters.com/article/us-iraq-war-anniversary/iraq-war-costs-u-s-more-than-2-trillion-study-idUSBRE92D0PG20130314.

20 Laura Blue, "Study Shows More Than Half of All Americans Will Get Heart Disease," *Time*, November 7, 2012.

21 Susan Casey, *The Wave* (New York: Doubleday, 2010), 39.

22 Sujan Patel, "7 Things Confident Entrepreneurs Never Do," *Entrepreneur*, November 10, 2014, https://www.entrepreneur.com/article/238960.

23 Randy Komisar and Jantoon Reigersman, *Straight Talk for Startups* (New York: HarperCollins, 2018).

24 Arnold C. Cooper, Carolyn Y. Woo, and William C. Dunkelberg, "Entrepreneurs' Perceived Chances for Success," *Journal of Business Venturing* 3, no. 2 (1988): 97–109.

25 James Surowiecki, "Do the Hustle," *New Yorker*, January 5, 2014, https://www.newyorker.com/magazine/2014/01/13/do-the-hustle.

26 Jose Mata and Pedro Portugal, "Life Duration of New Firms," *Journal of Industrial Economics* 42, no. 3 (1994): 227–46.

27 Tobias J. Moskowitz and Annette Vissing-Jørgensen, "The Returns to Entrepreneurial Investment: A Private Equity Premium Puzzle?," *American Economic Review* 92, no. 4 (2002): 745–78.

28 R. Fisher, W. Ury, and B. Patton, *Getting to Yes* (Boston: Houghton Mifflin, 1981).

29 Paul A. Samuelson, "Risk and Uncertainty: A Fallacy of Large Numbers," *Scientia* 98 (1963): 108–13.

30　Kahneman and Tversky, "Prospect Theory."

31　Jamie Ducharme, "Why Some People Have Aviophobia, or Fear of Flying," *Time*, July 6, 2018, http://time.com/5330978/fear-of-flying-aviophobia/.

32　可以采用布赖尔评分法之类的二次概率得分模型来评判概率估测优劣。布赖尔评分法最早在1950年发表于某气象学期刊上，是用来评价天气预报对降水概率预测的准确性的，设计者是格伦·布赖尔。预测给出的是降水概率，而我们看到的只是到底下没下雨。给预测的准确性打分的方法就是计算预测和实际情况之间差距的平方。假设预测的降水概率为x，而实际上下雨了，则该预测的得分就是$(1-x)^2$。得分越低，准确性越高。如果预计的降水概率为100%，实际上也下雨了，得分就是0［由$x=1$，可得$(1-1)^2=0$］。预计的降水概率为0%，而实际上却下雨了，得分就是1［由$x=0$，可得$(1-0)^2=1$］。按照惯例，布赖尔评分会将所有可能的结果相加。还以上述假设为例，就是要把预测不下雨的得分也加起来，就是$[0-(1-x)]^2$。用这种方法来计算，布赖尔评分就是一种误差分数：最差的得分是2，而最佳得分是0。感觉误差分数不好理解的人可以用高尔夫比赛来类比（也是得分越高成绩越差），或者干脆就用2减去布赖尔得分来求出相反的分数。

33　Harry McCracken, "Newton, Reconsidered," *Time*, June 1, 2012, http://techland.time.com/2012/06/01/newton-reconsidered/.

34　"Global Apple iPhone Sales from 3rd Quarter 2007 to 2nd Quarter 2018 (in Million Units)," Statista.com, 2018, https://www.statista.com/statistics/263401/global-apple-iphone-salessince-3rd-quarter-2007/.

35 "Apple Earned \$151 Profit Per iPhone in Q3 2017: Counterpoint," Press Trust of India, December 28, 2017, https://gadgets.ndtv.com/mobiles/news/apple-earned-151-profit-per-iphone-in-q3-2017-counterpoint-1793083.

第五章 明确

1 "Koby," IMDb, accessed April 19, 2019, http://www.imdb.com/name/nm9697725/.

2 Shawn Patrick, "Colorado 'American Idol' Contestant Makes Judges Cringe," iHeartRadio, March 12, 2018, https:// www.iheart.com/content/2018-03-12-colorado-american-idol-contestant-makes-judges-cringe/.

3 "Koby Auditions for American Idol with Original Song You Have to Hear—American Idol 2018 on ABC," YouTube video, posted by "American Idol," March 11, 2018, https://www.youtube.com/watch?v=Zmj6sNmv-yQ.

4 Mark D. Alicke and Olesya Govorun, "The Better-than-Average Effect," in *The Self in Social Judgment*, ed. Mark D. Alicke, David Dunning, and Joachim Krueger (New York: Psychology Press, 2005), 85–106.

5 Ola Svenson, "Are We Less Risky and More Skillful than Our Fellow Drivers?," *Acta Psychologica* 47 (1981): 143–51.

6 货币刺激并不能够消除他人的动机，但增强准确性的激励措施能够加强其相对重要性。比如说，如果准确评估自己的表现能够得到100万美元的奖励，人们就会想方设法增强准确性。人们还会关心自己是否能够打动他人，也会继续自我感觉良好，但通过准确评估而获得奖励的动机会降低其他动机的重要性。

7　Elanor F. Williams and Thomas Gilovich, "Do People Really Believe They Are Above Average?," *Journal of Experimental Social Psychology* 44, no. 4 (2008): 1121–28; Erik Hoelzl and Aldo Rustichini, "Overconfident: Do You Put Your Money on It?," *Economic Journal* 115, no. 503 (2005): 305–18.

8　Jennifer M. Logg, Uriel Haran, and Don A. Moore, "Is Overconfidence a Motivated Bias? Experimental Evidence," *Journal of Experimental Psychology: General* 147, no. 10 (2018): 1445–65, http://dx.doi.org/10.1037/xge0000500.

9　Michael M. Roy and Michael J. Liersch, "I Am a Better Driver than You Think: Examining Self-Enhancement for Driving Ability," *Journal of Applied Social Psychology* 43, no. 8 (2013): 1648–59.

10　Jean-Pierre Benoît, Juan Dubra, and Don A. Moore, "Does the Better-than-Average Effect Show That People Are Overconfident? Two Experiments," *Journal of the European Economic Association* 13, no. 2 (2015): 293–329.

11　Logg, Haran, and Moore, "Is Overconfidence a Motivated Bias?"

12　Steve Piazzale, "How to Demonstrate You Are Results-Oriented to Get Hired," *techfetch*, June 16, 2013, http://blog.techfetch.com/demonstrate-results-oriented-hired/.

13　Lou Adler, "How to Create a Results-Oriented Culture," *Inc.*, November 25, 2014, https://www.inc.com/lou-adler/how-to-create-aresults-oriented-culture.html.

14 Matthew Lieberman, "Should Leaders Focus on Results,or on People?," *Harvard Business Review*, December 27, 2013, https://hbr.org/2013/12/should-leaders-focus-on-results-or-on-people.

15 Robert H. Frank, *Success and Luck: Good Fortune and the Myth of Meritocracy* (Princeton, NJ: Princeton University Press, 2016).

16 我热情地推荐了一些我认为对帮助我思考不确定性、概率和概率分布很有用的书：Philip E. Tetlock and Dan Gardner, *Superforecasting: The Art and Science of Prediction* (New York: Crown, 2015), Annie Duke; *Thinking in Bets: Making Smarter Decisions When You Don't Have All the Facts* (New York: Portfolio, 2018); and Nate Silver's *The Signal and the Noise: Why So Many Predictions Fail—but Some Don't* (New York: Penguin Press, 2012)。

17 Garrison Keillor, *Lake Wobegon Days* (New York: Viking, 1985).

18 James Traub, "NO CHILD LEFT BEHIND; Does It Work," *New York Times*, November 10, 2002, https:// www.nytimes.com/2002/11/10/education/no-child-left-behind-does-it-work.html.

19 John Jacob Cannell, "Nationally Normed Elementary Achievement Testing in America's Public Schools: How All 50 States Are above the National Average," *Educational Measurement: Issues and Practice* 7, no. 2 (1988): 5–9.

20 John Jacob Cannell, "The Lake Wobegon Effect Revisited," *Educational Measurement: Issues and Practice* 7, no. 4 (1988): 12–15.

21 Peter H. Ditto et al., "Spontaneous Skepticism: The Interplay of Motivation and Expectation in Responses to Favorable and Unfa-

vorable Medical Diagnoses," *Personality and Social Psychology Bulletin* 29, no. 9 (2003): 1120–32.

22 Ziva Kunda "The Case for Motivated Reasoning." *Psychological Bulletin* 108, no. 3 (1990): 480–98.

23 Ben Brimelow, "Trump Reportedly Isn't Reading the Fabled President's Daily Briefing—Breaking a Tradition Followed by the Last 7 Presidents," *Business Insider*, 2018, https:// www.businessinsider.com/trump-doesnt-read-daily-briefings-oral-listens-2018-2.

24 Leah DePiero, "Trump Received Folder of Positive News Twice a Day under Sean Spicer and Reince Priebus: Report," *Washington Examiner*, 2017, https://www.washingtonexaminer.com/trump-received-folder-of-positive-news-twice-a-day-under-sean-spicer-and-reince-priebus-report.

25 Ulrike Malmendier and Geoffrey Tate, "Superstar CEOs," *Quarterly Journal of Economics* 124, no. 4 (2009): 1593–1638.

26 "Elon Musk Smokes Weed with Joe Rogan," YouTube video, posted by "Jay Nail," September 7, 2018, https:// www.youtube.com/watch?v=19WWHzQsHrI.

27 Chris Woodyard, "Elon Musk's Tweet on Taking Tesla Private Now Dogged by Drugs Claim from Rapper Azealia Banks," *USA Today*, August 22, 2018, https://www.usatoday.com/story/tech/talkingtech/2018/08/22/elon-musks-tweet-taking-tesla-private-now-dogged-drugs-claims-rapper-azealia-banks/1057815002/.

28 Matthew Goldstein, "Elon Musk Steps Down as Chairman in Deal with S.E.C. over Tweet about Tesla," *New York Times*, No-

vember 6, 2018, https://www.nytimes.com/2018/09/29/business/tesla-musk-sec-settle ment.html.

29 Gregor Andrade, Mark Mitchell, and Erik Stafford, "New Evidence and Perspectives on Mergers," *Journal of Economic Perspectives* 15, no. 2 (2001): 103–20.

30 Lizzy Gurdus, "Cramer: GE Has Become 'the Poster Child for Bad Acquisitions,'" CNBC, November 13, 2017, https://www.cnbc.com/2017/11/13/cramer-ge-has-become-the-poster-child-for-bad-acquisitions.html.

31 "Learn as You Churn," *Economist*, April 6, 2006, https://www.economist.com/finance-and-economics/2006/04/06/learn-as-you-churn.

32 Michael Lewis, "The Man Who Crashed the World," *Vanity Fair*, August 2009.

33 Gregory Gethard, "Falling Giant: A Case Study of AIG," Investopedia, accessed April 11, 2019, https://www.investopedia.com/articles/economics/09/american-investment-group-aig-bailout.asp.

34 Bethany McLean and Peter Elkind, *The Smartest Guys in the Room: The Amazing Rise and Scandalous Fall of Enron* (New York: Portfolio, 2003).

35 Bethany McLean, "Is Enron Overpriced? It's in a Bunch of Complex Businesses. Its Financial Statements Are Nearly Impenetrable. So Why Is Enron Trading at Such a Huge Multiple?," *Fortune*, March 5, 2001, http://archive.fortune.com/magazines/fortune/fortune_archive/2001/03/05/297833/index.htm.

36　Ray Dalio, *Principles: Life and Work* (New York: Simon & Schuster, 2017).

37　Prachi Bhardwaj, "The Jeff Bezos Approach to Handling Criticism Is a Good Rule Everyone Should Follow," *Business Insider*, April 30, 2018, https://www.businessinsider.com/how-amazon-ceo-jeff-bezos-handles-criticism-2018-4.

38　Dolly Chugh, *The Person You Mean to Be: How Good People Fight Bias* (New York: HarperBusiness, 2018).

39　Angela L. Duckworth, *Grit: The Power of Passion and Perseverance* (New York: Scribner, 2016).

40　Barry M. Staw, "Knee-Deep in the Big Muddy: A Study of Escalating Commitment to a Chosen Course of Action," *Organizational Behavior and Human Decision Processes* 16, no. 1 (1976): 27–44; Jeffrey Z. Rubin et al., "Factors Affecting Entry into Psychological Traps," *Journal of Conflict Resolution* 24, no. 3 (1980): 405–26.

41　Terrance Odean, "Are Investors Reluctant to Realize Their Losses?," *Journal of Finance* 53, no. 5 (1998): 1775–98.

42　Michael J. Strube, "The Decision to Leave an Abusive Relationship: Empirical Evidence and Theoretical Issues," *Psychological Bulletin* 104, no. 2 (1988): 236–50.

43　Gillian Ku, Deepak Malhotra, and J. Keith Murnighan, "Towards a Competitive Arousal Model of Decision Making: A Study of Auction Fever in Live and Internet Auctions," *Organizational Behavior and Human Decision Processes* 96, no. 2 (2005): 89–103, https://doi.org/10.1016/j.obhdp.2004.10.001.

44 Paul Nutt, *Why Decisions Fail: Avoiding the Blunders and Traps That Lead to Debacles* (San Francisco: Berrett-Koehler, 2002).

45 Shane Frederick et al., "Opportunity Cost Neglect," *Journal of Consumer Research* 36, no. 4 (2009): 553–61.

46 Andrew Gelman and Eric Loken, "The Statistical Crisis in Science," *American Scientist* 102, no. 6 (November–December 2014): 460, https://doi.org/10.1511/2014.111.460.

第六章 预测

1 "Timeline: Boeing 737 Max Jetliner Crashes and Aftermath," *Chicago Tribune*, August 7, 2019, https://www.chicagotribune.com/business/ct-biz-viz-boeing-737-max-crash-timeline-04022019-story.html.

2 "How Many Airplanes Fly Each Day in theWorld?," Quora, question answered by "Snehal Kumar," accessed May 8, 2019, https://www.quora.com/How-many-airplanes-fly-each-day-in-the-world.

3 "Accidents Statistics : Fatalities by Year," airfleets.net, accessed May 7, 2019, https://www.airfleets.net/crash/fatalities_year.htm.

4 Laurie F. Beck, Ann M. Dellinger, and Mary E. O'Neil. "Motor Vehicle Crash Injury Rates by Mode of Travel, United States: Using Exposure-Based Methods to Quantify Differences." *American Journal of Epidemiology* 166, no. 2 (July 15, 2007): 212–18. https://doi.org/10.1093/aje/kwm064.

5 "Program Briefing," Aviation Safety Reporting System, https://asrs.arc.nasa.gov/overview/summary.html.

6 John Lunney, Sue Lueder, and Gary O'Connor, "Postmortem

Culture: How You Can Learn from Failure," *re:Work* (blog), April 24, 2018, https://rework.withgoogle.com/blog/postmortem-culture-how-you-can-learn-from-failure/.

7   "Google's Postmortem Exercise," http://perfectlyconfident.com/postmortem/.

8   Bruce Upbin, "Google+ Cost $585 Million to Build (Or What Rupert Paid for MySpace)," *Forbes*, June 30, 2011, https://www.forbes.com/sites/bruceupbin/2011/06/30/google-cost-585-million-to-build-or-what-rupert-paid-for-myspace/.

9   "The Google Glass Epic Fail: What Happened?," *BGR* (blog), June 27, 2015, https://bgr.com/2015/06/27/google-glass-epic-fail-what-happened/.

10 John Danner and Mark Coopersmith, *The Other "F" Word: How Smart Leaders, Teams, and Entrepreneurs Put Failure to Work* (Hoboken, NJ: John Wiley & Sons, 2015).

11 "The Anti-Portfolio," website of Bessemer Venture Partners, accessed June 2, 2019, https://www.bvp.com/anti-portfolio/.

12 Chris Isidore, "Boeing Boasted about Streamlined Approval for the 737 Max. Now It's Cleaning up the Mess," CNN, April 4, 2019, https://www.cnn.com/2019/04/03/business/boeing-737-max-crisis/index.html.

13 Dominic Gates, "Flawed Analysis, Failed Oversight: How Boeing, FAA Certified the Suspect 737 MAX Flight Control System," *Seattle Times*, March 17, 2019, https://www.seattletimes.com/business/boeing-aerospace/failed-certification-faa-missed-safety-issues-in-the-737-max-system-implicated-in-the-lion-air-crash/.

14 Jackie Wattles, "Boeing CEO Says New Software Update Has Been Tested by Most 737 Max Customers," CNN, April 11, 2019, https://www.cnn.com/2019/04/11/business/boeing-software-dennis-muilenburg/index.html.

15 David Gelles, "Boeing 737 Max Troubles Add Up: $8 Billion and Counting," *New York Times*, July 18, 2019, https://www.nytimes.com/2019/07/18/business/boeing-737-charge.html.

16 Gary Klein's work on premortems built on the ideas of Mitchell, Russo, and Pennington, who showed that what they called "prospective hindsight" can help people identify possible reasons for future successes and failures. Deborah J. Mitchell, J. Edward Russo, and Nancy Pennington, "Back to the Future: Temporal Perspective in the Explanation of Events," *Journal of Behavioral Decision Making* 2, no. 1 (1989): 25–38, https://doi.org/10.1002/bdm.3960020103.

17 Gary Klein, "Performing a Project Premortem," *Harvard Business Review* 85, no. 9 (2007): 18–19.

18 "George S. Patton," Great Thoughts Treasury, accessed June 21, 2019, http://www.greatthoughtstreasury.com/author/george-s-patton-fully-george-smith-patton-jr.

19 Daniel Kahneman, *Thinking, Fast and Slow* (New York: Farrar, Straus and Giroux, 2011), 264.

20 Jack McCaffery, "McCaffery: Sixers Finding That NBA Has Plenty of 'Danger,'" *Delaware County Daily Times*, December 5, 2017, https://www.delcotimes.com/sports/mccaffery-sixers-finding-that-nba-has-plenty-of-danger/article_a5ec2d61-3e73-5f53-

ae4b-3d6173084d3a.html.

21   Julie K. Norem, *The Positive Power of Negative Thinking* (Cambridge, MA: Basic Books, 2001).

22   Francis J. Flynn and Rebecca L. Schaumberg, "When Feeling Bad Leads to Feeling Good: Guilt-Proneness and Affective Organizational Commitment," *Journal of Applied Psychology* 97, no. 1 (2012): 124.

23   Michael Simmons, "What Self-Made Billionaire Charlie Munger Does Differently," *Inc.*, November 2015, https://www.inc.com/michael-simmons/what-self-made-billionaire-charlie-munger-does-differently.html.

24   Ian I. Mitroff and Gus Anagnos, *Managing Crises Before They Happen: What Every Executive and Manager Needs to Know about Crisis Management* (New York: AMACOM, 2000).

25   Charles Perrow, *Normal Accidents: Living with High-Risk Technologies* (New York: Basic Books, 1984).

26   Robert Hof, "Interview: How Facebook's Project Storm Heads Off Data Center Disasters," *Forbes*, September 11, 2016, https://www.forbes.com/sites/roberthof/2016/09/11/interview-how-facebooks-project-storm-heads-off-data-center-disasters/.

27   Marion Lloyd, "Soviets Close to Using A-Bomb in 1962 Crisis, Forum Is Told," *Boston Globe*, October 13, 2002, available at http:// www.latinamericanstudies.org/cold-war/sovietsbomb.htm.

28   Rachel Souerbry, "This Man Singlehandedly Prevented World War III—And You've Probably Never Heard of Him," All That's Interesting, June 7, 2018, https://allthatsinteresting.com/vasi-

li-arkhipov.

29 *Secrets of the Dead*, season 12, episode 6, "The Man Who Saved the World," directed by Eamon Fitzpatrick, aired October 23, 2012, on PBS, https://www.pbs.org/video/secrets-deadman-who-saved-world-full-episode/.

30 John Bridger Robinson, "Energy Backcasting: A Proposed Method of Policy Analysis," *Energy Policy* 10, no. 4 (1982): 337–44.

31 David A. Armor, Cade Massey, and Aaron M. Sackett, "Prescribed Optimism: Is It Right to Be Wrong about the Future?," *Psychological Science* 19 (2008): 329–31.

32 "Cartoon—Comforting Lies vs. Unpleasant Truths," *Henry Kotula* (blog), February 17, 2017, https://henrykotula.com/2017/02/17/cartoon-comforting-lies-vs-unpleasant-truths/.

33 https://www.thesecret.tv/about/rhonda-byrnes-biography/.

34 A. Peter McGraw, Barbara A. Mellers, and Ilana Ritov, "The Affective Costs of Overconfidence," *Journal of Behavioral Decision Making* 17, no. 4 (2004): 281–95.

35 Daniel Kahneman and Amos Tversky, "Prospect Theory: An Analysis of Decision under Risk," *Econometrica* 47, no. 2 (March 1979): 263–92.

36 Botond Kőszegi and Matthew Rabin, "Reference-Dependent Consumption Plans," *American Economic Review* 99, no. 3 (2009): 909–36.

37 James A. Shepperd, Judith A. Ouellette, and Julie K. Fernandez, "Abandoning Unrealistic Optimism: Performance Estimates and the Temporal Proximity of Self-Relevant Feedback," *Journal of*

Personality and Social Psychology 70, no. 4 (1996): 844–55.

38 Scott Richardson, Siew Hong Teoh, and Peter D. Wysocki, "The Walk-Down to Beatable Analyst Forecasts: The Role of Equity Issuance and Insider Trading Incentives," *Contemporary Accounting Research* 21, no. 4 (2004): 885–924.

39 George Loewenstein and Drazen Prelec, "Negative Time Preference," *American Economic Review* 81, no. 2 (1991): 347–52.

40 William von Hippel and Robert L. Trivers, "The Evolution and Psychology of Self-Deception," *Behavioral and Brain Sciences* 34 (2011): 1–56.

41 Helen Keller, *Optimism: An Essay* (New York: Thomas Y. Crowell, 1903).

42 *Merriam-Webster Dictionary*, s.v. "Optimism," http://www.merriam-webster.com/dictionary/optimism.

43 Ryan Grim, "Nate Silver Is Unskewing Polls—All of Them. Here's How," Huffington Post, November 5, 2016, https://www.huffpost.com/entry/nate-silver-election-forecast_n_581e1c33e4b0d9ce6f-bc6f7f.

44 Matt Flegenheimer and Michael Barbaro, "Donald Trump Is Elected President in Stunning Repudiation of the Establishment," *New York Times*, November 9, 2016, accessed September 22, 2019, https://www.nytimes.com/2016/11/09/us/politics/hillary-clinton-donald-trump-president.html.

45 Paul Beaudry and Tim Willems, "On the Macroeconomic Consequences of Over-Optimism," SSRN, 2018, https://papers.ssrn.com/sol3/papers.cfm?abstract_id=3194836; David Leonhardt,

"The Experts Keep Getting the Economy Wrong," *New York Times*, March 15, 2019, https://www.nytimes.com/2019/03/10/opinion/us-economy-stagnation-growth.html.

46 Haider Javed Warraich, "The Cancer of Optimism," *New York Times*, May 4, 2013, https://www.nytimes.com/2013/05/05/opinion/sunday/the-cancer-of-optimism.html.

47 David Schultz, "Many Terminal Cancer Patients Mistakenly Believe a Cure Is Possible," National Public Radio, October 25, 2012.

48 Daniel Callahan, "Costs of Medical Care at the End of Life," *New York Times*, January 10, 2013.

49 Richard W. Robins and Jennifer S. Beer, "Positive Illusions about the Self: Short-Term Benefits and Long-Term Costs," *Journal of Personality and Social Psychology* 80, no. 2 (2001): 340–52.

50 There is controversy about whether credit for this quote really belongs to Einstein. But someone did say it. See Christina Sterbenz, "12 Famous Quotes That Always Get Misattributed," *Business Insider*, October 7, 2013, https://www.businessinsider.com/misattributed-quotes-2013-10.

51 "Building a High-Speed Train Network," California High-Speed Rail Authority, 2000, http://www.hsr.ca.gov/docs/about/business_plans/BPlan_2000_FactSheet.pdf.

52 "U.S. Passenger Miles," Bureau of Transportation Statistics, accessed September 29, 2019, https://www.bts.gov/content/us-passenger-miles.

53 "High Speed Trains Worldwide: A Ranking," Omio, June 2019,

accessed September 29, 2019, https://www.omio.com/trains/high-speed.

54 Ralph Vartabedian, "On California High-Speed Rail Project, Newsom to Scale Back Consultants but Push Ahead," *Los Angeles Times*, May 1, 2019, https://www.latimes.com/local/california/la-me-bullet-train-project-update-20190501-story.html.

55 Sean P. Murphy, "Big Dig's Red Ink Engulfs State," *Boston Globe*, July 17, 2008, http://archive.boston.com/news/local/articles/2008/07/17/big_digs_red_ink_engulfs_state/.

56 Daniel Kahneman and Amos Tversky, "Intuitive Prediction: Biases and Corrective Procedures," in *TIMS Studies in Management Science*, vol. 12 (Mclean, VA: Decisions and Designs, 1977), 313–27; Roger Buehler, Dale W. Griffin, and Michael Ross, "Exploring the 'Planning Fallacy': Why People Underestimate Their Task Completion Times," *Journal of Personality and Social Psychology* 67, no. 3 (1994): 366–81.

57 Justin Kruger and Matt Evans, "If You Don't Want to Be Late, Enumerate: Unpacking Reduces the Planning Fallacy," *Journal of Experimental Social Psychology* 40, no. 5 (2004): 586–98.

58 Christopher D. B. Burt and Simon Kemp, "Construction of Activity Duration and Time Management Potential," *Applied Cognitive Psychology* 8, no. 2 (1994): 155–68.

59 从技术上来讲，这叫作反拍卖采购技术。在正常的招投标当中，乙方通过竞价，不断抬高价格。在反拍卖采购技术被应用的过程中，则是甲方在竞价过程中不断压低报价。

60 当然，采用更加复杂的妥协方式也是可以的。比如说，甲方可以支付一笔较低的固定费用并同乙方约定当时间和材料成本超过某个点之后追加一部分费用。同样，只有在甲方能够信任乙方的成本核算账目时，这种办法才能发挥最佳效果。

第七章　试着考虑其他人的观点

1. Ray Dalio, *Principles: Life and Work* (New York: Simon & Schuster, 2017).
2. Tom Huddleston Jr., "Billionaire Ray Dalio Says This Is How to Be 'Truly Successful,'" CNBC, August 22 2019, https://www.cnbc.com/2019/08/22/bridgewater-associates-ray-dalio-how-to-be-truly-successful.html.
3. Annie Duke, *Thinking in Bets* (New York: Penguin, 2018).
4. 为防止你误会，在此解释一下，吃掉100个汉堡的人跟打赌减重的不是同一个人。Michael Kaplan, "Pro Poker Players Bet Away from the Table, Too," *New York Times*, June 29, 2008, https://www.nytimes.com/2008/06/29/fashion/29bets.html.
5. Duke, *Thinking in Bets*.
6. Carol Loomis, "Buffett's Bet: Hedge Funds Can't Beat the Market," *Fortune*, June 9, 2008, http://archive.fortune.com/2008/06/04/news/newsmakers/buffett_bet.fortune/index.htm.
7. Emily Price, "Warren Buffett Won a $1 Million Bet, but the Real Winner Is Charity," *Fortune*, December 30, 2017, http://fortune.com/2017/12/30/warren-buffett-million-dollar-bet/.
8. Lee Ross and Andrew Ward, "Naive Realism in Everyday Life: Implications for Social Conflict and Misunderstanding," in *Values and Knowledge*, ed. E. Reed, E. Turiel, and T. Brown (Hillsdale,

NJ: Lawrence Erlbaum Associates, 1996), 103–35; K. Dobson and R. L. Franche, "A Conceptual and Empirical Review of the Depressive Realism Hypothesis," *Canadian Journal of Behavioral Science* 21 (1989): 419–33.

9   John Stuart Mill, *On Liberty* (New Haven, CT: Yale University Press, 1859).

10 Kaplan, "Pro Poker Players."

11 Brad M. Barber et al., "Learning, Fast or Slow," *Review of Asset Pricing Studies* (forthcoming), https://doi.org/10.2139/ssrn.2535636.

12 Robert J. Aumann, "Agreeing to Disagree," *Annals of Statistics* 4 (1976):1236–39.

13 Kent D. Daniel, David Hirshleifer, and Avanidhar Sabrahmanyam, "Overconfidence, Arbitrage, and Equilibrium Asset Pricing," *Journal of Finance* 56, no. 3 (2001): 921–65.

14 Brad M. Barber and Terrance Odean, "Trading Is Hazardous to Your Wealth: The Common Stock Investment Performance of Individual Investors," *Journal of Finance* 55, no. 2 (2000): 773–806.

15 Warren Buffett, "Chairman's Letter—1987," 1987, available at http://www.berkshirehathaway.com/letters/1987.html.

16 Brad M. Barber, Yi-Tsung Lee, Yu-Jane Liu, Terrance Odean, and Ke Zhang, "Learning Fast or Slow?," *Review of Asset Pricing Studies* (forthcoming).

17 Burton Gordon Malkiel, *A Random Walk down Wall Street* (New York: Norton, 1973).

18　Francis Galton, "Vox Populi (The Wisdom of Crowds)," *Nature* 75, no. 7 (1907): 450–51.

19　是的，这个高尔顿爵士就是第三章中出现过的那个高尔顿爵士。在那一章中，我们介绍过，他是被称为梅花栅格的高尔顿板的发明人，这种装置对于展示二项分布非常好用。他碰巧还是查尔斯·达尔文的表弟。他喜欢四处游历。

20　James Surowiecki, *The Wisdom of Crowds* (New York: Random House, 2005).

21　"FAQs," National Council on Public Polls, accessed June 5, 2019, http://www.ncpp.org/?q=node/6.

22　Andrew Gelman, "How Can a Poll of Only 1,004 Americans Represent 260 Million People with Only a 3 Percent Margin of Error?," *Scientific American*, March 15, 2004, https://www.scientificamerican.com/article/howcan-a-poll-of-only-100/.

23　Stefan M Herzog and Ralph Hertwig, "The Wisdom of Many in One Mind," *Psychological Science* 108 (2009): 9020–25.

24　Walt Whitman, "Song of Myself," accessed September 22, 2019, https://www.poetryfoundation.org/poems/45477/song-of-myself-1892-version.

25　Alfred P. Sloan, *My Years With General Motors* (New York: Anchor Books, 1963).

26　"Alfred Sloan," *Economist*, January 3, 2009, https:// www.economist.com/news/2009/01/30/alfred-sloan.

27　Doris Kearns Goodwin, *Team of Rivals: The Political Genius of Abraham Lincoln* (New York: Simon & Schuster, 2005).

28　Surowiecki, *Wisdom of Crowds*.

29 Helmut Lamm and David G. Myers, "Group Induced Polarization of Attitudes and Behavior," in *Advances in Experimental Social Psychology*, ed. Leonard Berkowitz, vol. 2 (San Diego: Academic Press, 1978), 147–95.

30 David Schkade, Cass R. Sunstein, and Reid Hastie, "What Happened on Deliberation Day?," *California Law Review* 95 (2007): 915–40.

31 Warren Thorngate, Robyn M. Dawes, and Margaret Foddy, *Judging Merit* (New York: Psychology Press, 2008).

32 Don A. Moore and Amelia S. Dev, "Individual Differences in Overconfidence," in *Encyclopedia of Personality and Individual Differences*, ed. Virgil Zeigler-Hill and Todd Shackelford (New York: Springer, 2017).

33 不但不存在系统性证据，还有一些现实生活中的例子与这个结论恰恰相反。就在几天之前，我们刚刚被手机导航软件"turn-by-turn"拯救了。在我家，不肯停车问路的通常是我的妻子，虽然我们不经常迷路。手机导航拯救了我们的婚姻。

34 Pedro Bordalo et al., "Beliefs about Gender," *American Economic Review* 109, no. 3 (March 2019): 739–73, https://doi.org/10.1257/aer.20170007.

35 Don A. Moore and Samuel A. Swift, "The Three Faces of Overconfidence in Organizations," in *Social Psychology of Organizations*, ed. Rolf Van Dick and J. Keith Murnighan (Oxford, UK: Taylor & Francis, 2010), 147–84.

36 Bordalo et al., "Beliefs about Gender."

37 Sheryl Sandberg, *Lean In: Women, Work, and the Will to Lead*

(New York: Alfred A. Knopf, 2013).

38 Brad M. Barber and Terrance Odean, "Boys Will Be Boys: Gender, Overconfidence, and Common Stock Investment," *Quarterly Journal of Economics* 116, no. 1 (2001): 261–93.

39 Samantha C. Paustian-Underdahl, Lisa Slattery Walker, and David J. Woehr, "Gender and Perceptions of Leadership Effectiveness: A Meta-Analysis of Contextual Moderators," *Journal of Applied Psychology* 99, no. 6 (2014): 1129; Ashleigh Shelby Rosette, Leigh Plunkett Tost, and Katherine W. Phillips, "Agentic Women and Communal Leadership: How Role Prescriptions Confer Advantage to Top Women Leaders," *Journal of Applied Psychology* 95, no. 2 (2010): 221–35.

40 Randy Komisar and Jantoon Reigersman, *Straight Talk for Startups: 100 Insider Rules for Beating the Odds—From Mastering the Fundamentals to Selecting Investors, Fundraising, Managing Boards, and Achieving Liquidity* (New York: HarperCollins, 2018).

41 'The Dropout' Part 1: Where Ex-Theranos CEO Elizabeth Holmes Got Her Start," YouTube video, posted by "ABC News," March 16, 2019, https://www.youtube.com/watch?v=kG_F118ruOM.

42 John Carreyrou, *Bad Blood: Secrets and Lies in a Silicon Valley Startup* (New York: Alfred A. Knopf, 2018).

43 Roger Parloff, "This CEO Is Out for Blood," *Fortune*, June 12, 2014, http://fortune.com/2014/06/12/theranos-blood-holmes/.

44 Carreyrou, *Bad Blood*.

45 Art Harris and Michael Isikoff, "The Good Life at PTL: A Litany of Excess," *Washington Post*, May 22, 1987, https://www.wash-

ingtonpost.com/archive/politics/1987/05/22/the-good-life-at-ptl-a-litany-of-excess/b694ac2f-516c-42ad-ba52-9998763670b0/.

46 J. Bakker and K. Abraham, *I Was Wrong* (Nashville: Thomas Nelson, 1996).

47 Scott T. Allison, David M. Messick, and George R. Goethals, "On Being Better but Not Smarter than Others: The Muhammad Ali Effect," *Social Cognition* 7, no. 3 (1989): 275–95.

48 Jonathon D. Brown, "Understanding the Better than Average Effect: Motives (Still) Matter," *Personality & Social Psychology Bulletin* 38, no. 2 (December 28, 2011): 209–19, https://doi.org/10.1177/0146167211432763.

49 Joe Langford and Pauline Rose Clance, "The Imposter Phenomenon: Recent Research Findings Regarding Dynamics, Personality and Family Patterns and Their Implications for Treatment," *Psychotherapy: Theory, Research, Practice, Training* 30, no. 3 (1993): 495.

50 "Intel Pentium MMX (1997) TV Ad—'Play That Funky Music' (TV Spot 1)," YouTube video, posted by "CheesyTV," March 7, 2013, https://www.youtube.com/watch?v=5zyjSB SvqPc.

51 Gordon Moore (no relation) gets the credit for Moore's law, which describes the rate of increase in the processing speed of computers.

52 Andrew S. Grove, *Only the Paranoid Survive: How to Exploit the Crisis Points That Challenge Every Company* (New York: Crown, 2010).

53 Daniel Kahneman, *Thinking, Fast and Slow* (New York: Farrar,

Straus and Giroux, 2011).

54 "Henry Ford 150," website of MotorCities National Heritage Area and the Henry Ford Heritage Association, accessed June 7, 2019, https://www.henryford150.com/.

第八章 找到中间道路

1 当然，霍诺德也和其他攀岩者一样需要如厕。我们只能确定地知道在爬酋长石的那几个小时里他没有如厕，能把人吓尿的那几段他也忍住了。霍诺德跟大部分攀岩者不同的地方在于，其他攀岩者认为徒手攀岩往轻了说是鲁莽，往重了说是疯狂，而他们完全有理由这么认为。

2 Matt Ray, "Free Solo: Alex Honnold on What It Takes to Free Climb," RedBull.com, May 8, 2019, https://www.redbull.com/us-en/alex-honnold-interview-free-solo.

3 Don A. Moore, Elizabeth R. Tenney, and Uriel Haran, "Overprecision in Judgment," in *Handbook of Judgment and Decision Making*, ed. George Wu and Gideon Keren (New York: Wiley, 2015), 182–212.

4 J. L. Elkhorne, "Edison—The Fabulous Drone," *73 Amateur Radio*, March 1967.

5 Erica R. Hendry, "7 Epic Fails Brought to You by the Genius Mind of Thomas Edison," Smithsonian.com, November 30, 2013, https://www.smithsonianmag.com/innovation/7-epic-fails-brought-to-you-by-the-genius-mind-of-thomas-edison-180947786/.

6 Joshua Quittner, "Person of the Year 1999: Jeff Bezos," *Time Asia*, December 1999, http://edition.cnn.com/ASIANOW/time/

magazine/99/1227/cover3.html.

7　Dominic Rushe, "Jeff Bezos Tells Employees 'One Day Amazon Will Fail,'" *Guardian*, November 16, 2018, https://www.theguardian.com/technology/2018/nov/16/jeff-bezos-amazon-will-fail-record ing-report.

8　Francisco Dao, "Without Confidence, There Is No Leadership," *Inc.*, March 1, 2008, https://www.inc.com/resources/leadership/articles/20080301/dao.html.

9　Cameron Anderson et al., "A Status-Enhancement Account of Overconfidence," *Journal of Personality and Social Psychology* 103, no. 4 (2012): 718–35, https://doi.org/10.1037/a0029395.

10　Frank Abagnale, *Catch Me If You Can* (New York: Broadway Books, 2000).

11　Elizabeth R. Tenney et al., "Is Overconfidence a Social Liability? The Effect of Verbal versus Nonverbal Expressions of Confidence," *Journal of Personality and Social Psychology* 116, no. 3 (2019): 396–415.

12　Jessica A. Kennedy, Cameron Anderson, and Don A. Moore, "When Overconfidence Is Revealed to Others: Testing the Status-Enhancement Theory of Overconfidence," *Organizational Behavior and Human Decision Processes* 122, no. 2 (2013): 266–79.

13　Daniel Kahneman, *Thinking, Fast and Slow* (New York: Farrar, Straus and Giroux, 2011).

14　*The Decriminalization of Illegal Drugs: Hearing before the Subcommittee on Criminal Justice, Drug Policy, and Human Resources of the Committee on Government Reform*, 106th

Cong. (1999), https://www.govinfo.gov/content/pkg/CHRG-106 hhrg64343/html/CHRG-106hhrg64343.htm.

15 Celia Gaertig and Joseph P. Simmons, "Do People Inherently Dislike Uncertain Advice?," *Psychological Science* 29, no. 4 (2018): 504–20, https://doi.org/10.1177%2F0956797617739369.

16 Anderson et al., "A Status-Enhancement Account of Overconfidence."

17 "Letter to Frederick William, Prince of Prussia (28 Novem-ber 1770)," in *Voltaire in His Letters: Being a Selection from His Correspondence*, trans. S. G. Tallentyre (New York: Putnam, 1919), 232.

18 "Italy Bridge: The Lives Lost to the Genoa Bridge Collapse," BBC, August 19, 2018, https://www.bbc.com/news/world-europe-45193882.

19 Guglielmo Mattioli, "What Caused the Genoa Bridge Collapse—and the End of an Italian National Myth?," *Guardian*, February 26, 2019, https://www.theguardian.com/cities/2019/feb/26/what-caused-the-genoa-morandi-bridge-collapse-and-the-end-of-an-italian-national-myth.

20 "Genoa's Morandi Bridge Disaster 'A Tragedy Waiting to Happen,'"France 24, August 15, 2018, https://www.france24.com/en/20180815-italy-genoa-morandi-bridge-disaster-structural-problems.

21 Mattioli, "What Caused the Genoa Bridge Collapse."

22 Gaia Pianigiani, Elisabetta Povoledo, and Richard Pérez-Peña, "Italy Bridge Was Known to Be in Trouble Long Before Col-

lapse," *New York Times*, August 15, 2018, https://www.nytimes.com/2018/08/15/world/europe/italy-genoa-bridge-collapse.html.

23 Shelley E. Taylor and Jonathon D. Brown, "Illusion and Well-Being: A Social Psychological Perspective on Mental Health," *Psychological Bulletin* 103, no. 2 (1988): 193–210, http://dx.doi.org/10.1037/0033-2909.103.2.193.

24 Joanne V. Wood, Shelley E. Taylor, and Rosemary R. Lichtman, "Social Comparison in Adjustment to Breast Cancer," *Journal of Personality and Social Psychology* 49, no. 5 (1985): 1169–83.

25 Shelley E. Taylor and Jonathon D. Brown, "Positive Illusions and Well-Being Revisited: Separating Fact from Fiction," *American Psychologist* 49, no. 11 (1994): 972–73.

26 Cameron Anderson et al., "Knowing Your Place: Self-Perceptions of Status in Face-to-Face Groups," *Journal of Personality and Social Psychology* 91, no. 6 (2006): 1094–110.

27 这个公式把决定不加固桥梁的决策定义为积极（乐观）行动，把决定加固桥梁的决策定义为消极（悲观）行动。仅从修辞学意义上来说，是可以这样用的。我们就沿用这种定义吧。

28 Gottfried W. Leibniz, *Theodicy: Essays on the Goodness of God, the Freedom of Man and the Origin of Evil*, trans. E. M. Huggard, ed. Austin Farrer (London: Routledge and Kegan Paul, 1952 [1710]).

29 Steven Pinker, *Enlightenment Now: The Case for Reason, Science, Humanism, and Progress* (New York: Penguin, 2018).

30 Diana B. Henriques, *The Wizard of Lies: Bernie Madoff and the Death of Trust* (New York: Macmillan, 2011).

31 Alex Berenson and Matthew Saltmarsh, "Madoff Investor's Suicide Leaves Questions," *New York Times*, January 1, 2009, https://www.nytimes.com/2009/01/02/business/02madoff.html.

32 Steven Pinker, *The Better Angels of Our Nature: Why Violence Has Declined* (New York: Penguin, 2012).

33 Tara Brach, *Radical Acceptance* (New York: Bantam, 2003).

34 Plato, *Republic*, trans. George M. A. Grube and C. D. C. Reeve (Indianapolis, IN: Hackett, 1974).

35 Moses Maimonides, Joseph Isaac Gorfinkle, and Shmuel Ibn Tibbon, *The Eight Chapters of Maimonides on Ethics* (Sacramento Creative Media Partners, 2018).

36 Ecclesiastes 7:16–18 (Good News Translation).

37 Abu Amina Elias, "Moderation and Balance in Islam," *Faith in Allah* (blog), January 2, 2016, https://abuaminaelias.com/moderation-and-balance-in-islam/.

38 Elizabeth R. Tenney, Simine Vazire, and Matthias R. Mehl, "This Examined Life: The Upside of Self-Knowledge for Interpersonal Relationships," *PLoS ONE* 8, no. 7 (2013): e69605, https://doi.org/10.1371/journal.pone.0069605.

39 Sean Illing, "Why Do Marriages Succeed or Fail?," *Vox*, 2018, https://www.vox.com/science-and-health/2017/10/5/16379910/marriage-love-relationships-eli-finkel.

40 Yuval Noah Harari, *21 Lessons for the 21st Century* (New York: Random House, 2019).

41 Pinker, *Enlightenment Now*.